献给我的亲人们
他们一直默默地分担我求学和生活的艰辛

Γνῶθι σεαυτόν

——Δελφικά παραγγέλματα

认识你自己!
——德尔斐箴言

ΕΤΥΜΟΛΟΓΙΚΟΝ FÜR PHYSICA LEARNERS CHINOISES

物理学咬文嚼字

卷三

增补版

曹则贤　著

中国科学技术大学出版社

图书在版编目(CIP)数据

物理学咬文嚼字. 卷三/曹则贤著. —增补版. —合肥:中国科学技术大学出版社,2019.4(2022.5重印)
ISBN 978-7-312-04660-5

Ⅰ. 物… Ⅱ. 曹… Ⅲ. 物理学—名词术语—研究 Ⅳ. O4

中国版本图书馆 CIP 数据核字(2019)第 045511 号

出版	中国科学技术大学出版社
	安徽省合肥市金寨路 96 号,230026
	http://press.ustc.edu.cn
	https://zgkxjsdxcbs.tmall.com
印刷	安徽国文彩印有限公司
发行	中国科学技术大学出版社
开本	710 mm×1000 mm 1/16
印张	15
字数	246 千
版次	2019 年 4 月第 1 版
印次	2022 年 5 月第 3 次印刷
定价	78.00 元

前言

承蒙中国科学技术大学出版社2018年慨然应允出版《物理学咬文嚼字》彩色版,借此次出版彩色版的机会,作者再次对本书进行了仔细的校订,并增添了一些补缀条目。卷三彩色增补版出版后,整个《物理学咬文嚼字》系列算是大功告成。希望本系列能得到读者朋友的持续关注,并能对我国物理学事业的发展稍尽绵薄。出版社和作者都热切期盼来自读者们的批评和建议。

2019 年 3 月

自序

《物理学咬文嚼字》系列行进至今,已历八年。支撑笔者一路踯躅前行的力量,是坚信物理学与中国人之自然融合——物理学必将成为中国人的日常智慧,而中国人也必将对物理学作出真诚的贡献。咬文嚼字的营生,固然无补于这伟大的进程,然若有潜心向学之人能从中得些助力,或三两同好于阅读时偶尔会心一笑,就不枉作者的搜肠刮肚、呕心沥血。

一如从前,此卷依然依循信马由缰的风格,以阐明一些物理学概念字面上的原意为主旨,论述概念以及概念背后物理学思想的演进则只作为副业。浓墨重彩于前而轻描淡写于后者,非只为囿于本系列的初衷,盖因作者力有未逮者也。罗曼·罗兰评价托尔斯泰的《安娜·卡列尼娜》,说那是由一个对其事业更加有信心的思想支配着的作品。这样的高度,当然是我等俗人所无法望其项背的。《物理学咬文嚼字》系列若曾无意间播下过任何思想的种子,那也是意外的收获。

鉴于此系列前两卷由 World Scientific 出版而不得不为其进口书的身份付出不易购买的代价,此次卷三承蒙中国科学技术大学出版社出版,希望对其流传或有所促进。中国科学技术大学出版社的编辑为本书顺利出版所付出的心血,着实让作者心怀感激。

曹则贤
2015 年夏于北京

目录

i | 前言
iii | 自序

1	之五十五 • Imaginary images
12	之五十六 • 印迹与轨道
19	之五十七 • 简并
30	之五十八 • Norm and gauge
41	之五十九 • 波也否,粒也否
51	之六十 • 自由与束缚
58	之六十一 • 随机
74	之六十二 • 注入灵性与赋予血肉
79	之六十三 • 纷乱的交换
90	之六十四 • 同乎哉?
97	之六十五 • 空空,如也

118	之六十六	• 参照系？坐标系！
130	之六十七	• 势两立
137	之六十八	• 形色各异的 meta-存在
150	之六十九	• 什么素、质？
157	之七十	• 纷繁的动-力学
170	之七十一	• 焦
178	之七十二	• 什么补偿！
184	之七十三	• 劳-功的篇章
195	之七十四	• 保守与守恒
203	之七十五	• 内—外

223	外两篇	• 物理文献汉译常见问题分析
		• 关于 graphene 及相关物质译法的一点浅见

231	跋	• 当作家两年有感

之 五十五 Imaginary images

> 凡所有相皆是虚妄。
> ——《金刚经》
>
> 世事无相,相由心生。
> ——《无常经》
>
> 万象皆宾客。
> ——张孝祥《念奴娇·过洞庭》

摘要 物理学涉及各种 images,要凭借 imagination 为世界构造图像,且要运用各种 imaginary 的工具。虚数的虚对应的是虚像的像。虚像与虚数一样,未必不是 real 的。

物理学是以人的感知为基础的。力学,不用说,来自推拉提举的生理感知。声学,当然是因为我们的耳朵能听到声音。电学好象与感觉无关,其实在电(化)学发展的早期,科学家们是用舌头作验电器的。光学,现在的 photonics, relativity 和 quantum optics 是关于光的学问,而经典的 optics 实际上是关于视觉的。当然,眼睛本身不足以完成视觉,就象皮肤和耳朵不能完成感觉和听觉一样,这些感官是通过神经连到大脑那里去的(类似数据线将探头连到计算机），在那里完成了数据的加工处理并作出反馈的决策①。由此也就不难理解，当一门物理学分支从具体的感知现象开始发展到后来，也会有从初步的、外在的感觉到纯由大脑思维的过渡，就象热力学，从纯粹的冷暖感知最后演化成了公理化的热力学、用外微分表示的热力学。这大约就是具象到抽象的过程。

汉语的相、象和像，很大程度上用法是相通的。相（outlook），指外貌、相貌，出现在照相机、相面等词汇中。象，类似英文的 phenomenon，出现在现象、天象、假象、赫赫可象、意象等词中。象，很抽象的哦。像，相貌相似之意，据说"然韩非之前只有象字，无像字，韩非以后小篆即作像"。画像，像章，不是强调它们也是 picture 或 image②，而是强调其上的图形和真人相似度高，因此是画像。Image 作为动词是模仿、使相等的意思，这后一点严格对应中文的"像"。笔者在使用相、象、像这三个字时，有时会感到含糊。比如，到底是相片还是像片？好象还是好像？如果我们记得这三个字的本义，应该知道是"相片"（和原物一点不像也是相片）和"好象（it seems）"。潘岳《寡妇赋》中的"上瞻兮遗象，下临兮泉壤"的遗象（impression）只能凭借想象力才能看到，而今人的遗像可能是一张实在的相片（photograph）。

英文物理文献中的 image，我们一般都是翻译成"像"的，而不管其相似度如何。设想存在函数 $f(x): D \mapsto R$，对于定义域 D 中的一个对象（x 的集合），存在相应的值域 R 中的 $f(x)$ 构成的集合，后者是前者的 image。虽然函数 $f(x)$ 可以很轻松地把一个线段变换成振荡的波形或者圆或者更复杂的形象，两者没有任何相似度可言，但我们依然把 image 翻译成"像"。上述函数的定义也告诉了我们光学成像的原理——光学器件，不管多么复杂，不过就是一个函数算子而已。这也让我们理解了为什么光学中有 eikonal equation③ 的说法。Eikonal，来自希腊语 εἰκών（icon），就是 image。它是在研究波的传播时用到的一个非线性偏微分方程，它提供了物理光学（波）同几何光学（射线）之间的联系。

---

① 我们的先人认为思想是由心脏进行的，所以有心思、心想事成、痴心妄想、心有灵犀、心领神会等说法。这反映的是我们在解剖学、生理学方面的误解。
② 与 image 同源的一个不太常用的词是 imagery，是画像、塑像、雕像、偶像之类的总称，转义为形象化的描述、形象塑造，如 Shakespeare's plays were patterns of imagery（莎士比亚的剧本是形象塑造的典范）。
③ 汉译程函方程，很不妥。

像(image)与视觉有关,因此一定是关于视觉的科学(optics)的主题。在中学物理中我们就学到了透镜的成像原理。根据透镜的几何以及物体放置的位置,像可以是实像(real image)或者虚像(virtual image)(图1)。中文的"虚"像的说法,可能引起误解。一张照片如果模糊了,看不清楚了,就称为"虚"了,拍照时拿相机的手抖动了就会有这样的效果。但是,virtual image(虚像)中的virtual,名词形式virtue,来自拉丁语virtualis,却是力量、长处的意思。Virtual, being such practically or in effect, although not in actual fact or name, 是说可能实际上没有,但有能力产生这样的效果!如果我们注意光学成像的示意图,会发现虚像到光学器件之间的光线是部分不存在的(一般用虚线dashed line 表示),它是由我们以某种方式给"补齐"的,反映的是眼睛的工作模式。实像和虚像的重要区别是,如果你拿一个感光板放在实像的位置上,感光板上会得到一个图像;而在你认为有虚像的地方放置一个感光板(如图1之中图的$A'B'$处),它可能就不会被感光①。

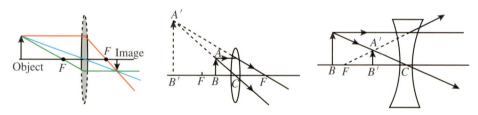

图1　透镜的成像原理。(左图)凸透镜,物在焦距外;(中图)凸透镜,物在焦距内;(右图)凹透镜,物在焦距外

图1中的成像原理,是考虑了人眼的工作方式才琢磨出来的。它不单是透镜的成像原理,还必须计入眼睛的工作方式,严格来说是眼睛+大脑的工作方式。大脑负责图像的诠释,所谓的虚像就是大脑工作习惯得出的结论(大脑把以某种方式进入眼睛的光归结为来自某处的一个物体。如果我们从物体的后方看立在一个凸反射镜前的物体,则会同时看到物体和物体的虚像)。如果我们直接用记录单元(像素)在一个平面内排列的CCD替换人眼,在人眼看到虚像的情形下还能得到那样的图像吗?我们用单反相机能拍到透镜系统成的虚像,恰是因为我们用凸透镜模拟了人的眼球,照相底片(或半导体记录元件)模拟了我们的视网膜,才得到的结果。

---

① 可能会被物体向后发射的光、透镜反射的光等杂散光给曝光了,但不会有物体的像。

像的生成的最后一步,是大脑的诠释。光线通过眼睛(透镜)到达视网膜,激发神经元产生信号,信号传入大脑在那里被诠释,这才有图像。如果比较不同的环节,会发现最后这个诠释的过程,就决定最终看到什么图像来说,其重要性可能超过前面光路中发生的其他物理事件。佛家所谓"相由心生,境随心转"还真是触及了成像的本质。实像哪里有真实的成分了?虚像一点也不更不真实——在我们的视网膜上都成实像。其实,认识的器官、认识的能力以及认识的模式是同时进化而来的[①]!我们看到一幅什么样的图像,不仅依赖于物理的光路,还依赖于眼睛对光的选择和大脑中的图像构建过程(这一点和人的意愿、知识、经验都有关)。实际上,在用光电子设备构建图像的时候已经遇到类似的问题了。只将图像向自己有利的方向诠释是不恰当的,甚至是不道德的。

图2 据说是敦煌壁画。图中一个其貌不扬的人在镜子中看到了一个明显拔高了的形象

像是否真的反映了真实呢?像(image)与实在(reality)的关系,长期以来都是哲学上的热门话题,也是物理学不容回避的问题。似乎东西方文明对"像"的实质都有不同深度的认识。佛经中强调"相由心生,境随心转",而在一幅敦煌壁画中出现的"像犹镜幻"四字,也颇堪玩味(图2)。在成像的过程中,大脑的诠释作用依赖于观察的角度、观察者的精神状态、观察者的知识积累以及其他一些因素,因此人们难免会产生像乃幻觉的印象。

一幅画,如果把它表述成能发射不同波长成分的、不同强度的光点之集合,那么它是客观的。然而,眼睛会看到不同的东西。人类早就认识到了这一点,有人就专门研究 optical illusion(视觉幻觉)。在图3的左图中能看到一只青蛙,而在右图中能看到一匹马的头。然而,这是同一幅画,只是这里粘贴

[①] 把光学、眼科学、图像识别、生物学等内容融合到一起去建立真正的认知科学,也该开始了。

的角度不同而已。

图3　本图中的左幅和右幅是同一幅画，我们只是从不同的角度观察而已（请将头歪30°再看）

人脑在成像中的作用，甚至是强制性的，这可以从对阴影（少光或者无光）的诠释中看出。我们能看见一个黑色的物体，是因为没有看到它，我们是将有光的部分当成背景才构造出图像的。也就是说，一张图片中分有光（光学器件只对光起作用）和无光的部分[1]，何者成为构图的元素，得由大脑说了算（图4）。

大脑在诠释一幅图像的过程中是非常主动的。看一张人有两对眼睛的 PS 图片，由于我们的大脑已经建立起了人只有两只眼睛的信念，因此它对这张人有两对眼睛的图片非常不习惯。大脑命令眼睛调节看这张图片的方式，努力要得出图片中人其实只有两只眼的效果——这个过程能把意志薄弱

图4　海豚的爱之消息（纸片上的字）。据说心灵纯洁的人看到的是一群海豚。你在瓶子上看到了什么？

的人给逼疯了。勒庞说：What the observer then sees is no longer the object itself，but the images evoked in his mind（观察者此时看到的不是物本身，而是在其思维中激发出的像）[1]。信矣哉。图5中，简单地因为旁边的一摊水渍，我们的视觉系统就告诉我们这个人是浮在空中的。你告诉自己这不是真的，但

---

[1] 占据的部分和留空的部分，都是构型的元素。这一点，用兵者不可不知！《孙子兵法》中有《虚实篇》，李筌注："善用兵者，以虚为实；善破敌者，以实为虚。"又，"形兵之极，至于无形。"这些用兵的道理，不妨和光学原理一起参详。

图 5　这人是悬空的吗？

是再看一眼，我们的视觉还是告诉我们这个人是浮在空中的。有什么辙吗？大脑诠释图像的能力还取决于其工作的历史。Once we have entertained an image, it is always potentially present to our gaze（一旦我们拥有了一个图像，它就有可能总会出现在我们的视野中）。相信从事各类物理实验研究的人都懂得这句话。那么，关于那个我们不理解的宇宙深空的那些经过很多我们根本不理解的过程才得到的照片，该存在多少认识上的陷阱？

认识到像（image）可能是心生的，依赖于我们的 imagination（想象力），我们就愿意对世界作 real 与 imaginary 的区别。一个极端的例子是我们把数分成 real number 和 imaginary number。物理或者数学知识稍微有点进阶的话，就难免会遇到 imaginary number（虚数）。单位虚数表示为 i，即是取 imaginary 这个词的首字母。单位虚数有性质 i∗i = −1，或者写成 i = $\sqrt{-1}$，于是有人就认定 i 是为了表达负数的平方根才引入的。实际上并不是这样，虚数是在研究一元三次代数方程（cubic equation）时才被引入的[2]。有人可能会说，无论是作为平方根引入的还是因为 cubic equation 根的表达需要才引入的，i 还是那个 i，又有什么区别了？哈，let me tell you，一个概念的性质跟它出现的历史/语境，或者反过来说，是绝对有关的。

虚数 i 的引入，以及同实数结合成复数，给数学和物理学带来了不知多少次革命。欧拉给出了 $e^{i\varphi} = \cos\varphi + i\sin\varphi$（图 6），并证明了 $e^{i\pi} + 1 = 0$，这是人类智慧的最高形式，是最美的数学公式。一个简单的公式里就包含了 0，1，e，i 和 π 这五个最基本的数。如果你仔细看，还会发现它包含太多的代数学基本内容。看看这个公式，你会由衷地赞叹欧拉这种人太聪明了——他是应该归于神界的人。

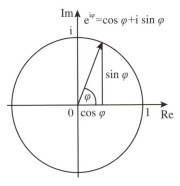

图 6　欧拉的伟大发现 $e^{i\varphi} = \cos\varphi + i\sin\varphi$。从这个图你能看出这个函数多么适于描述振荡和转动现象

复数 z = x + iy，这个奇异的 real 同 imaginary 的组合，让一切变得 complex 起来，

也因此变得简单起来。比如数论中有个定理,一对自然数的平方和与另一对自然数的平方和之积,一定也是一对自然数的平方和。从复数的角度来看,它简直就是显而易见的。复数对物理进步的促进怎么评价都不为过。波动行为、电磁学问题,都因复数的引入变得好解起来。研究传热学引入的傅里叶变换,变换的核心是复函数 e^{ikx},它将数学和物理学托入云端。量子力学、传热学、固体物理、量子场论、CT扫描、晶体衍射和图像处理,如此等等,它们的一个共同关键词是什么?傅里叶变换,建立在复变换基础上的特殊变换。

实数和虚数,在物理学中到底是意味着革命性的变化还是表现出某种同一性,似乎一言难尽。比方说,如果距离表示 $ds^2 = \sum_i g_i dx_i^2$ 中的 $g_i \equiv 1$,我们谈论的是黎曼流形,而如果某些 $g_i = -1$,说明 $ds^2 = \sum_{i=1,q} dx_i^2 + \sum_{j=1,p} (i dx_j)^2$,则谈论的是赝黎曼流形。狭义相对论中的时空距离就是 $ds^2 = dx^2 + dy^2 + dz^2 + (icdt)^2$(注意 $icdt$!)[①],因此那里的几何是赝黎曼流形上的几何,它和经典力学中的黎曼流形上的几何完全不一样。但是,从另一方面来看,以方程 $\psi_t = \varepsilon \psi_{xx}$ 为例,当 $\varepsilon = D$ 时,这是经典的扩散方程;当 $\varepsilon = i\hbar/(2m)$ 时,这是量子力学中的薛定谔方程。这两者之间是可类比的。比如,对扩散方程来说,若对于 $t_1 \leqslant t \leqslant t_2$,$\psi(x,t_1)$ 和 $\psi(x,t_2)$ 是已知的,则通解 $\psi(x,t) \propto \psi(x,t_1)\psi(x,t_2)$,这和量子力学的几率诠释所用到的 $\psi^*\psi$ 有惊人的相似。那么这个因为系数的虚与实所带来的差别,如果我们愿意在更高一点的层面上看的话,似乎更该看作是同一的,至少是可类比的。

量子力学是建立在复函数的基础上的。关于虚的函数(imaginary function)如何反映 reality 的问题,最近读到一句:"很难将建立于包含抽象的、多维空间中的虚函数的实在加以可视化。不过,如果不试图给予虚函数以实的诠释,就不会有困难。"[3] 笔者对这种鸵鸟政策不敢恭维,不明白何以会不试图给虚函数以实的诠释。其实,虚数本身就是实的,imaginary number is real。在关于数系的数学知识中,复数 $a+ib$ 不过是二元数 (a,b),它只是和单个的实数 a,或者 b,遵循不同的代数法则而已。纯虚数可表示为二元数 $(0,\alpha)$ 的形式,满足加法 $(0,\alpha)+(0,\beta)=(0,\alpha+\beta)$ 和乘法 $(0,\alpha)*(0,\beta)=(-\alpha\beta,0)$。这里乘法的本质可由单位虚数的定义 $i*i=-I$ 看出,它表明 i 是一个操作,连

[①] 一般的狭义相对论的书不知所云,就是因为作者不知道 $icdt$ 里面包含的几何代数的内容。

续操作两次得到一个"负的"效果(所以上式右侧是一个带负号的单位矩阵)。愚以为,这大概解释了为什么我们用 e^{ikx} 表述波的时候,要用其模(乘法)来表示物理实在(振动强度或者量子力学中的概率分布)了,因为乘法能把虚部给带回到实部。

可是,我们真的就能够严格区分 image 和 reality 吗?小孩子亲吻镜子中的自己,对他来说 image is reality。可见,理解什么是真实,是一种需要学习得来的抽象能力。通过各种像,哪怕是幻象,来认识世界,是我们必须接受的选择:But if — like us — the beings in the simulated world could not gaze into their universe from the outside, there would be no reason for them to doubt their own pictures of reality(但是,如果在模拟世界里的智慧生物,如同我们一样,无法从外边来观察它们的宇宙,它们就没有理由怀疑它们的关于实在的图像)[4]。就物理研究来说,人们也是热衷于制造各种图像或画面的,其对自己为世界构造的画像之迷恋,一点也不亚于迷恋自己水中倒影以致落水而死的希腊青年 Narcissus①(图 7)。There is no picture—or theory—independent concept of reality(就没有独立于图像或者理论的关于实在的概念)。这句话一点都不过分。

图 7　水边的青年 Narcissus 为水中自己的像而着迷

关于实在性,人们可能会问,到底什么是 reality?我们的宇宙是真实的吗?愚以为,我们人的视觉,加上思维能力,是不足以理解这个世界的②。怀疑客观世界的真实性,是老生常谈。最早可能是庄子,说有一次梦见蝴蝶,因此当他醒来的时候,不知道是梦见蝴蝶的庄子醒过来了,还是一只蝴蝶正在做梦梦见自

---

① 落水的青年 Narcissus 化成了水仙花,所以 narcissus 在西语中是水仙花的意思,比喻特别自恋的男子。
② 照头打一棍,就可以看到一个金星乱冒的世界。

己变成庄子。我不怀疑世界的真实性,但我怀疑我们认识的(我们能描述的或者被告知的)那个世界的真实性。象量子力学中的动力学变量、状态函数等,它们是 reality 吗?或者,那个看起来有点"经典的"动力学变量之本征值是 reality 吗?In fact, quantum physicists tend not to be very clear about this issue.[5] 谈论这个话题让人不自在。他们会采取实证主义的观点,拒绝考虑真实性的问题。不过也有更乐观的观点:某些情况下在不真实中有比真实中更多的真理(In certain cases there is more truth in the unreal than in the real)[1]。凭借我们的 imagination,去构造关于世界的 imaginary image,恰恰是理论物理的核心本质[6],未来我们还是要用这种方式去构造物理理论。当然,a crowd thinks in images,and the image itself immediately calls up a series of other images, having no logical connection with the first(乌合之众用形象思考,一个形象马上招来一串形象,其和第一个形象之间一点逻辑关系也没有)[1]——也是理论物理最致命的弱点。就学物理来说,你只有学会了理解那些 imaginary things,才能踏上寻找真理的道路。中国教育是怎么死的?其特征过程就是对孩子 imagination 的扼杀,以前是不允许,后来是用作业压得没时间去 image。

一切的像,皆出自我心,因此其中必有人类自身的影子。上帝是人类理想的投射,是 imaginary image,是人能够想象的最完美的形象。在《神曲·天堂篇》的最后一行,但丁终于看到了神。他从三位一体(trinity)中看到了 nostra effige,即英文的 our image——我们自身的影像。物理学中也处处有人的影子,道理也应如是。一个有趣的现象是,大部分人的爱情对象也只存在于自己的想象之中。我们心目中爱人的形象,不过是自我麻醉时的想象,是相互爱恋时的迭代效果。一旦一方绝情地离去,则由此显露出来的现实的残酷常常足以把心灵脆弱者击垮。他们所爱的并不是现实中的他,而是想象中的他,这两者当然是有差异的。适应和接受这种差异的,认命,婚姻就能继续;否则就只有分手。

Reality 到底是怎样的,物理学家们感到含糊。艺术家们对自己能表达现实感到信心满满,或者也可能是信心严重不足,于是他们要追求超现实主义(surrealism),画 surreal pictures。Surreal,字面意思是 over, beyond reality。所谓的超现实主义,是一场现代文学艺术运动,试图表现或者诠释在梦中出现的下意识思维的产物,其特征是关于物质世界的非理性的、荒诞的编排。达利的画《记忆的执著》(The Persistence of Memory)算不算超现实主义的作品(图8),笔者不懂。但是那画面,若从时空扭曲的角度来看,可能是非常理性的,因此显得真实。说不定某个教授广义相对论的学者想这样超现实还求之不得呢。

图 8　Salvador Dali 的画 *The Persistence of Memory*（1931）

补　缀

1. 在这幅关于树的图画中,由枝条构成的人头像（上部的八个）,是 real image, virtual image,还是 imaginary image？

2. 波兰作家布兰迪斯（Kazimierz Brandys）在《一个关于真实的问题》中讲述了一个"非现实变成现实"的故事,其中许多句子发人深省,比如"他们几乎全都具有一个令人震惊的特点,真与假的界限在他们那里是弹性的","而现实中根本就不存在着真实。所有的叙述和描写都只是阐释而已",等等。这几乎就是量子力学的论调。

3. M. C. Escher 所画的一些花样，perfect and impossible，是被称为 imagery 的。据说 The artist was intrigued by such unusual imagery。
4. N. David Mermin 曾写道：It is a bad habit of physicists to take their most successful abstractions to be real properties of our world。信矣哉！
5. Figments of one's imagination，想象中的虚构物。

参考文献

［1］Le Bon G. The Crowd：A Study of the Popular Mind［M］. General Books，2010.
［2］Dunham W. Journey Through Genius［M］. Wiley，1990.
［3］Baggott J. The Quantum Story：A History in 40 Moments［M］. Oxford University Press，2011：76. 原句照录如下：The wavefunction of a system containing N particles depends on 3N position coordinates and is a function in a 3N-dimensional confirmation space or 'phase space'. It is difficult to visualize a reality comprising imaginary functions in an abstract，multi-dimensional space. No difficulty arises，however，if the imaginary functions are not to be given a real interpretation.
［4］Hawking S，Mlodinow L. The Grand Design［M］. Bantam，2012.
［5］Penrose R. The Road to Reality［M］. Vintage Books，2004：507.
［6］Vignale G. The Beautiful Invisible［M］. Oxford University Press，2011. Vignale G. 至美无相［M］. 曹则贤，译. 合肥：中国科学技术大学出版社，2013.

五十六　印迹与轨道

> I leave no trace of wings in the air, but I am glad I have had my flight.
> ——R. Tagore in *Fireflies*[1]
>
> 科学语言是一种处于矛盾下的自然语言。
> ——Roald Hoffmann[2]

摘要　Trace (track, trail), orbit, trajectory, locus 是常见的数学、物理概念,在汉语中都被随意地翻译成(轨)迹、轨道,难免会带来一些误解。轨道之有无,也是物理学曾为之纠结过的问题。

人行大地之上,许多时候会留下印迹(trace)。当然,不只是人,其他运动的对象也会留下形态各异的痕迹,因此我们的语言中关于印迹的词汇非常丰富。曹操《度关山》开头三句"天地间,人为贵。立君牧民,为之轨则。车辙马迹,经纬四极"中的轨、辙、迹、经、纬等,都与印迹有关。印迹是一种记录,含有

---

[1] 这是印度诗人泰戈尔的诗集《萤火虫》中的一句。我喜欢把它翻译成"天空中未留下振翅的痕迹,但我确曾飞过"。
[2] Roald Hoffmann,1981 年度诺贝尔化学奖得主,1988 年度 Pergamon 文学奖得主。此句具体出处不详,希望日后有机会确认。

时间的内容,当然还有许多其他的内容。小时候读过一则故事,说一个乡间的奇人能够根据脚印判断出那人的轻重、高矮、胖瘦,甚至形容姿态,因而被请去断案。其实,从脚印判断留下脚印者的体态特征,古时的猎人都懂得这个道理。

脚印是由力的施加者和承载物的性能共同决定的。留在硬土地上的印迹同留在泥巴地上的印迹就不同。固化在黏土里的动物足迹能为我们提供几千万年前地球的信息。而因为水是牛顿流体,其上和其中的痕迹很快就会平复,这就是你不能从二十里外追踪一只小船的道理。在更加稀薄的空气中,飞过的鸟儿似乎没有留下什么痕迹。那么,在更高的虚无缥缈中经过的日月星辰,也曾留下过痕迹吗?

要认识到天上的星辰也是有轨迹的,所需要的可能不止是诗人般的敏感心灵,它还需要深刻的洞察力和领悟力。2600 年前,泰勒斯(Thales of Miletus)意识到世界是可以理解的,这个想法让人类走出了愚昧。不知道什么时候有人认识到天上的星星竟然也是有轨迹的,人类的认识因此又往前迈了一大步。今天,凭借连续曝光技术,人们容易将天体的轨迹记录下来,从而看到了一条明显的径迹。图 1 中的照片是把不同时刻太阳的位置 $R(t), t = t_1, t_2, \cdots$,转化成 2D 图像中的位置 (x_i, y_i), $i = 1, 2, \cdots$。实际上,数学上的曲线就是这么定义的。这个在今天看来唾手而得的图像,对于古代科学家来说可是了不起的智力突破。第谷留下大量的观测数据(猜想应该是关于火星、木星和金星的。想一想,为什么?),开普勒将立足点从地球移到太阳,行星轨道的椭圆形就跃然纸上了。等到牛顿给出万有引力作为行星轨道的解释,真正意义上的物理学开始了。

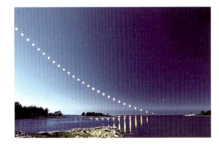

图 1 连续摄影获得的太阳从天空划过的轨迹。认识到物体运动的轨迹是可研究的实在,是人类认识史上的一次飞跃

容易想象,印迹、轨迹、轨道等词大量出现在自然科学的文献中。英文文献里被汉译成(轨)迹、轨道的词汇有 trace(track,trail),orbit,trajectory,locus 等,其用法可能是跨学科的,它们被输入中文语境中难免会将差别给掩盖掉。最常见的表示痕迹的英文词是 trace,如 bear trace(熊迹),wolf trace(狼

迹）。Trace 和 track，trail 是同源词，和拖拉机（tractor）一样，都来自拉丁语动词 trahere，拖、拽的意思，因此 trace 和 track，trail 都是指运动对象留在身后的印迹。Trace，其作为科学的概念之一是矩阵对角元之和，$\mathrm{tr}(A) = \sum_i a_{ii}$，汉语就简单地译为"迹"，或矩阵的迹。在量子力学的语境中，力学量对应一个厄米矩阵，则该矩阵的迹就对应力学量的本征值之和。矩阵的对角线为什么称为 trace，我不知道是否有解释（对角元形象上象雪地上动物留下的一行斜斜的足迹？），不过它和伽罗华理论中的 field trace 的定义形式上可是一样的，那里的求和是对一串域扩展（field extensions）的求和，确实有踪迹的意思。由 trace 衍生出的一个概念是 tracer，任何能够泄露痕迹的东西都是 tracer——坚硬路面上行驶过的运粮车，车轮可能没留下痕迹，但是撒的粮食就能泄露车辆行驶的路线，因而粮食是 tracer。发光的分子，具有放射性的原子等，都能泄露其携带者（vector）的踪迹，因而都是 tracer，汉语一般翻译为"示踪＋（分子、原子……）"。

物理文献中常提到的轨道是对 orbit 的翻译。Orbit 来自拉丁语 orbita，它的一个意思是眼窝（eye socket）。Orbit 的本义是 path，track，它的意思还是圆、轮，因此强调闭合的形象。行星绕太阳以及人造卫星绕地球的路径就是 orbit。在开普勒问题中，$E>0$ 时行星的运行路线是双曲线，$E=0$ 时是抛物线。这两种情形中轨迹就是 track 而已，却不能算作 orbit。当 $E<0$ 时，若行星的 track 是椭圆和圆，这才是 closed orbit。当然，$E<0$ 时，行星也可能沿螺旋线飞向（spiraling）或者直直地撞向恒星，此时行星的 track 也不是 orbit。可见，orbit 是开普勒问题解的一部分特例（图 2）。据说开普勒问题和简谐振动问题是经典力学中仅有的对任何可能的初始条件都有闭合轨道（closed orbits）的问题，此即所谓的 Bertrand's theorem（伯特兰定理）。注意，闭合轨道不仅意味着运动物体回到曾经历过的某点，还必须以曾经的速度经过那点，否则那轨道就不是闭合的[①]。

轨道（orbit）是闭合的，但不必是连续的。其实，第谷关于行星轨道的观测数据也是分立的。为了从分立的数据去构造连续的轨道（哪里有什么轨道！不过，

---

① 现在你明白为什么经典力学要引入相空间的概念了吗？

经典力学里确实有轨道的概念①，高斯发明了最小二乘法。在群论中，一个对象在群作用下的集合也称为 orbit。比如，对于一个一般性的点×，其在 S3 群（正三角形的变换群）作用下的轨道由六个点构成（图3）。推广来看，任何变换造成的一串结构，都构成轨道。在 Feigenbaum 的 Computer generated physics 一文中，有 This meant that at a_∞ a Cantor set was the orbit 这样的句子——你看，连与分形有关的康托集也是动力学系统的 orbit 了。将运动看作是一连串的变换，变换的结果就是被变换对象的 orbit——伽罗华理论中的 trace 在这个意义上和 orbit 有完全相同的意义。在更高、更抽象的层次上，不同的概念汇合了。

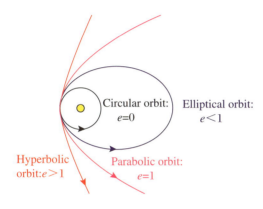

图2　开普勒问题的解。对应 $E<0$，即偏心率 $e<1$，的（椭）圆形 track 才是 orbit

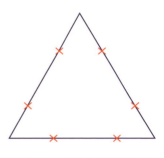

图3　点×在 S3 群作用下的 orbit

Orbit 也作动词用，如 a planet orbiting two suns（同时绕两个太阳运转的行星）。同时绕两个太阳运转的行星被称为 circumbinary planet（绕双星的行星），这样的行星很少见，目前的观测例子有 Kepler-16b。不过，因为其轨道半径太大，看不出和太阳系行星轨道有何区别。

等到人们认识到原子是由原子核和电子组成的，就想当然地以为电子绕原子核也沿一定的轨道运动（electron orbits the nucleus）。不过按照经典电动力学，the electron will release electromagnetic radiation while orbiting a nucleus（在绕原子核轨道上运动的电子不断发出电磁辐射）。这下麻烦了，不断辐射电磁波的电子应该是向着原子核 spiraling 的，原子是个不稳定系统，这与实际观

---

① 如果你不明白这句话的意思，请细细品味青原惟信禅师的"老僧三十年前未参禅时，见山是山，见水是水。及至后来，亲见知识，有个入处，见山不是山，见水不是水。而今得个休歇处，依前见山只是山，见水只是水"（参见《五灯会元》）这句话。

测不符。人们开始怀疑电子轨道之类的概念，Pauli 写道：I believe that the energy and momentum values of the stationary states are much more real than orbits（我相信定态的能量和动量的值比轨道更真实）[1]。海森堡于 1925 年试图抛开"电子轨道"这样的概念而把量子力学建立在谱线位置、谱线强度等可观测量（observable）上，这是矩阵力学的操作主义（operationalism）思想基础。海森堡在哥廷根给泡利看他关于谱线强度的计算，并评论道：Everything is still vague and unclear to me, but it seems as if the electrons will no more move on orbits（一切都还含混不清，不过（在新理论里）好象电子不再是在轨道上运行了）[2]。如今的量子理论认为，原子中的电子处于一定的状态上，只有通过跃迁才改变其状态。这个理论为原子的稳定性找到了一个比较幼稚的说辞。抛开原子的形成与湮灭这类剧烈的变动，一个原子真的就是稳定的吗？"言天地坏者亦谬，言天地不坏者亦谬。"《列子》里的这句话还是值得玩味的。在量子力学中，波函数描述的是场，不是轨道，则轨道角动量就是个误导性的概念。这是历史的遗迹，学习者不可不察。不过，电子的自旋角动量似乎也不可那么直观地去理解，在 Dirac 理论中它表现为对方程形式的要求。对于那些基于自旋-轨道角动量耦合的理论，似乎应该考虑一下其如何同更高层次的理论相自洽。

在普通力学中，另有一词 trajectory 也被随意地翻译成轨迹、轨道。Trajectory 来自拉丁语动词 trajicere（抛、扔的意思），因此它更确切的意思是抛体的轨迹。笔者猜想它强调物体有获得动能的初始时刻且其运动也有终止时刻。Trajectory 是弹道学里的概念，你把一颗卫星打上去三公里，然后看着它掉下来，你观测到的是一个 trajectory（图 4）；只有你把卫星送到足够的高度让它自己绕圈子，你才能观察到 orbit。当然，orbit 和 trajectory 也混用，如 in relativity theory, orbits follow geodesic trajectories（在相对论中，轨道乃弯曲时空中的测地线）。

图 4　trajectory，被击打的高尔夫球划过的径迹

还有一个常被翻译成"轨迹"的词是 locus。Locus，拉丁语"地点"的意思，形容词为 local，复数形式为 loci，按定义为满足一个或者几个条件的点的集

合。笔者初中数学课上学到的"轨迹"一词就是它。Locus 强调位置，而 track，trace，trajectory 强调的是动作的结果，后者更物理一些。圆锥曲线都是 loci：抛物线是到一点和一条线距离相等的点的集合，椭圆是到两点距离之和为恒定值的点的集合，等等。从这些字面上的定义来看，双曲线、抛物线、椭圆、圆好象是不同的事物。如果仅从 locus（位置）、trace（径迹）的角度看确实是这样，但物理学走得更深入一些，它追问这样的原因是什么。牛顿发现，若行星与太阳之间的力始终指向太阳且和距离平方成反比，且和它自身的质量成正比[①]，则行星的轨道就是以太阳为焦点之一的椭圆轨道。遵循平方反比率的万有引力确立后，发现开普勒问题的一般解包括双曲线、抛物线等其他可能，这样这些不同的统称为圆锥曲线的 loci 就统一了。当然了，这些不同定义的 loci 同属于圆锥曲线的事实，两千多年前古希腊的 Empedocles（估计是在切萝卜的过程中）就认识到了。注意，开普勒问题中物体的轨迹，按照能量从高到低的顺序，包括双曲线、抛物线、椭圆、圆、直线和点。

物理学首先是关于运动的科学，关于各种轨迹的概念，应该深入理解。知道运动的物体，哪怕是天上的星星，有迹可循且是可以研究的，这可算是经典力学的开始。但是原子物理对经典行星轨道概念的引入和抛弃，这期间科学家遭遇的纠结，怕是人类的自作多情。轨道，愚以为，毕竟是辅助性的概念，电子之有无轨道，行星之有无轨道，都不妨以青原惟信禅师的眼光观之。

▷ 补 缀

1. 本文注解中提到的青原惟信禅师一段，可同《列子》中的一段相参校："子列子学也，三年之后，心不敢念是非，口不敢言利害，始得老商一眄而已。五年之后，心更念是非，口更言利害，老商始一解颜而笑。七年之后，从心之所念，更无是非；从口之所言，更无利害。夫子始一引吾并席而坐。九年之后，横心之所念，横口之所言，亦不知我之是非利害欤，亦不知彼之是非利害欤，外内进矣。而后眼如耳，耳如鼻，鼻如口，口无不同。心凝形释，骨肉者融；不觉形之所倚，足之所履，心之所念，言之所藏。如斯而已。则理无所隐矣。"学物理的进程，或有如此感觉之进阶也未知。

[①] 和太阳质量成正比这件事，是不是到广义相对论那里才有意义？

2. 抛物形轨道和双曲形轨道，都是 trajectory，都意味着物体挣脱了束缚，因此被称为 open trajectory（开放轨道）或 escape trajectory（逃逸轨道）。在另一端，若物体能量小到连圆形轨道（circular orbit）都不能维持的话（如 reenter 的火箭），其轨道也是 trajectory，不过是 suborbital trajectory。一个 suborbital，道出了此 trajectory 是还没有达到 orbital 层次的轨道。
3. 电子绕原子核的运动之不同于 Kepler 问题处，除了没有明确的轨道概念以外，还有一点值得注意，即电子运动是在三维空间中的，而 Kepler 的轨道是落在一个二维平面内的。Kepler 问题的角动量守恒和原子问题的角动量守恒，差别之处多多。
4. Bohr 的原子模型，本质上是经典力学中的行星运动模型。为了凑出电子具有 $\propto -1/n^2$ 形式的、分立的能量，可引入的限制只能是关于角动量的，遂有玻尔量子化条件 $\oint p\mathrm{d}x = nh$。
5. 谈到抛体运动，会提及抛体 projectile。projectile，project，来自拉丁语动词 projicere，本义是往前扔。

参考文献

[1] Private letter, Pauli to Bohr, 12 December 1924.
[2] The Birth of Quantum Mechanics（http://www.vub.ac.be/CLEA/IQSA/history.html）.

五十七 简并

But yet an unison in partition…
——William Shakespeare in
*A Midsummer Night's Dream*①

摘要 Degeneration,汉译"退化"或"简并",相关词汇包括 degenerate,degeneracy,degenerative 等。矩阵本征值问题联系着数学里的退化和物理里的简并。即便在物理学领域,简并也有不同的意思。

笔者当年用中文学物理时遇到的一个特别令俺困惑的概念就是简并。简并,什么意思?简单地并列,因为简化所以并列了,是甄别后加以并列,还是象竹简那样并列?苦思无解。好在俺对物理学整体上都是稀里糊涂的,倒也不在乎哪个概念格外地恼人。及至后来读外文文献,发现简并指的是 degeneration(形容词形式为 degenerate 和 degenerative;另一名词形式为 degeneracy),对应的德语词为 Entartung。这个词,何以被翻译成简并,有探讨的必要。

Degenerate,来自 de(from)+genus。大家知道 genus(race)一词来自希

---

① 莎士比亚的戏剧《仲夏夜之梦》中的一句:(看似)分开的一体。An unison 的写法可能不符合现代英语,但原文如此。

腊语，和女性、生产有关，所以 degenerate，按照 Webster 大字典的解释，就是 to become unlike one's race（变成非其族类）的意思，但强调是朝着 deteriorated 方向的，因此有退化、败坏的意思。比如，在短语 degeneracy and bestiality 中，degeneracy 代表的德行败坏可是和禽兽行为（bestiality）并列的[①]。如果说一个人是 a degenerate person，那这家伙不仅道德败坏，而且还可能是个性变态（sexually perverted）。在德语中，degeneration 对应的名词是 Entartung（动词形式为 entarten）。字面上明确显示其本义为"去分化（分类）"。去分化或者退化，就是在类别上变得少一些，这就接近 degeneration 在数学和物理中的用法了。

在数学文献中，degeneration（degeneracy）是常被译成"退化"的。按照 Google 的解释，degeneracy 指 a limiting case in which a class of object changes its nature so as to belong to another, usually simpler, class（退化是指这样的极限情形，一类对象改变其性质从而变得属于一个通常是更简单的类属）。这方面的例子比比皆是。当半径缩小到为零时，圆退化成一个点，所以说点是一个 degenerate circle（退化的圆）。只包含一点的集合是退化的连续统。再举一个例子。若 $A(v,w)$ 表示两个矢量定义的平行四边形的带方向的面积，$A(v,w) = v \wedge w$，显然应该有 $A(v,v) = 0$。这是说由单一矢量 v 定义的退化平行四边形（两个边重合了），其面积为零。

退化的概念在数学中随处可见，但细微的意义还是要仔细辨别的。概念在字面上可能只是一个，但指代的情景（物理上称为图像）却各不相同。比如，黎曼流形和赝黎曼流形之间的关键区别：后者的度规张量不必是正定的。对于后者，代之以一个弱的非退化条件（weak condition of nondegeneracy）。这里的退化是什么意思，当然要放到具体的语境中去理解。赝黎曼流形的度规张量可以化成标准的对角化形式，其中为正的、为负的和为零的项的数目分别记为 p, q 和 r，与基的选择无关，因此度规张量可以用 (p, q, r) 标记。所谓的 nondegenerate 度规张量，指的是 $r = 0$ 的情形（度规张量没有为零的本征值）。我们入门时学的黎曼流形，对应的是 $r = 0$ 和 $q = 0$ 的情形。

---

① Bestiality（兽行）一词用来谴责人类的一些个体或团伙令人发指的恶行是一种臭不要脸的做派。考察一下科学技术的发展史，尤其是在折磨同类的刑具上和屠杀同类的武器上所展现出的聪明才智，那些行为可是禽兽自愧弗如的。

一个有趣的横跨数学和物理的对象是圆锥曲线（conic section）。用一个平面去切割圆锥，得到的可能结果包括点、一条直线（或两条交叉的直线）、圆、椭圆、抛物线和双曲线[①]（图1）。可以想见，讨论相关问题时 degeneration 是绕不过去的话题。当圆锥的顶角为零时，圆锥面退化为圆柱面。圆是椭圆的退化，从方程 $r=\dfrac{l}{1-e\cdot\cos\theta}$ 容易看出，当偏心率 e 趋近于零时椭圆变为圆。还可以从另一个角度谈论圆锥曲面：给定平面上任意五个点，可以决定一条圆锥曲线。若五个点中没有三个点共线，则是 nondegenerate（非退化）的情形。

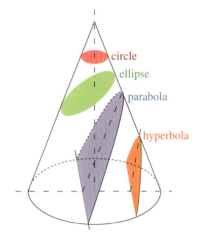

图 1　圆锥曲线可以看作是简并的一个类，包括圆、椭圆、抛物线和双曲线[②]等多种情形

一个 n 阶多项式，generically[③] 有 n 个不同的根。如果有一些根是重根，则称它们是退化的。这套说法可以顺畅地移植到矩阵（量子力学算符）的本征值问题：若几个本征矢量（态）对应同一个本征值，即矩阵的特征多项式方程有重根，则该本征值就是 a degenerate eigenvalue。而 degenerate eigenvalue 就让我们很容易过渡到物理学上的简并态这套说辞。我猜测，"并"是指两个或多个不同的物理状态在某个较粗糙的层面上，或者粗略地，被当成并列的了。当引入更多的标签时，或者在更挑剔的目光下，它们可以被分辨开来。精细结构讨论的，其实就是如何理解或者辨别简并态的问题。

一门量子力学，本质上不过是试图用自伴随二阶微分算符的本征值问题去

[①] 作为开普勒问题的解，它们对应的体系能量按照这个顺序由低到高。

[②] 这四类圆锥曲线可由一个点（focus）和一条线（directrix）以及到这两者距离的比值（偏心率，eccentricity，用 e 表示）所表征。$e=0$，对应 circle；$e<1$，对应 ellipse；$e=1$，对应 parabola；$e>1$，对应 hyperbola。如果注意到 ellipse（椭圆）的本义是"比完美差一点"，parabola（抛物线）是"刚刚好"，而 hyperbola（双曲线）是"有点过了"的意思，你会有会心一笑的感觉，从这些词可以联想到相应的开普勒轨道对应能量的高低。不着边际的汉译有时真的很耽误事。

[③] 和 generally 同源。有人将之汉译为"属类地"，有点怪怪的，也有人就将之译为"一般地"。

诠释物理现实[1]。连接数学和物理的本征值与本征矢量(态)的概念,也见证了 degeneracy 在汉语中从退化到简并的转变。一个体系的哈密顿量,若其某个本征值对应多个本征态,则称该本征值对应的能级是简并的。对于自伴随二阶微分算符,不同本征值对应的本征态是正交的,则当出现简并的时候,简并的几个本征态就未必是正交的。算符的正交性证明中,简并性就是个漏洞[1]。不过没关系,总可以将这些简并的状态加以线性组合,得到一组正交的简并态。在这个过程中,线性组合的系数还留有 $g_i(g_i-1)/2$ 个自由度,g_i 是简并度 (degeneracy),因此这为利用别的算符(力学量)的本征值来区分这些简并态留有足够的余地。这也是要选择多个力学量的共同本征态描述体系的原因。若体系有两个非对易的守恒量,则其能级一般是简并的。

在物理学文献中一遇到 degeneration 等词就把它们翻译成简并,可能有失严谨。例如,degenerate semiconductor 被翻译成简并半导体,如果从量子力学的简并概念来理解它,可能就一头雾水。A degenerate semiconductor 指重掺杂的半导体,杂质能级形成了 impurity band,把带隙给塞满了,材料的电导等性质已经更象是金属了。从这个意义来说,degenerate semiconductor 应该译为退化半导体。通过掺杂能实现 degenerate semiconductor 的案例很多,如在 Cu_3N 的立方晶格的中心位置上就可以掺入大量的其他金属原子,实现从宽带半导体到金属的转变,其间甚至会出现在超过 200 K 的大温区内恒电阻率材料[2]。

当费米子构成的物质的密度很大时,这对应温度很低、压力很大的状态,低能态被满满地占据。这样的状态也被描述为全简并的(at full degeneracy)。不过,这里 degenerate 的意思,显然不是说体系的能级对应多重态。当一个星体的压力因为自身的引力达到一定程度时[2],电子会占据尽可能低的能级(有文献说电子的波函数开始有 overlap,不知道是啥意思),这样的状态是简单的。

---

[1] The so-called quantum mechanics is, in a loose sense, nothing but the effort to interpret the physical reality with the eigenvalue problem of self-adjoint second-order differential operators (一阶微分算符如 $\hat{x}, \hat{p}$,可是要另外讨论的)。这一精神,薛定谔 1926 年的四篇系列文章的题目是说清楚了的。这就是我对量子力学的认识。若量子力学跳不出这个旧框框,其对物理的贡献未必能走多远。

[2] 压力象幸福一样,只能靠自己创造。一个星体所受的压力来自其自身的万有引力。这个事实再次说明,热力学中所谓外部压力的说法,如同别的强度量一样,有仔细斟酌的必要。

白矮星中的电子就是这种意义下简并的。1930 年,在前往英国的船上,钱德拉塞卡(S. Chandrasekhar)仔细考虑了简并电子气问题,认为当压力超过某个临界值时,它可以将电子简并状态压垮,电子和其中漂浮的质子会生成中子。将这个临界压力应用到白矮星上,得出的临界质量就是所谓的钱德拉塞卡极限(1.44 个太阳质量)。在这样的甚至更高的压力下,中子也是处于尽可能低的能量状态,是简并的体系。可以想象,当压力超过某个临界值时,中子简并构成的体系也会被压垮。这个临界压力对应的质量下限就是所谓的 Tolman-Oppenheimer-Volkoff 极限。这个极限是多大,目前还没有定论。在许多文献中,有人把简并等价于一种斥力,有所谓 degeneration pressure 的说法,笔者觉得有点莫名其妙。如果一个体系处于质子、电子或者中子的简并状态(full degeneracy),则该体系的压力一定是高的。但这个压力是唯一地由引力提供的。压力就是压力,它就在那里,体系也将自己调节到这个压力对应的热力学和量子力学状态,它不需要一个别的压力将(引力引起的)压力平衡掉。所谓的 degeneration pressure 的说法,哪里需要它呢?

玻色子可以占据同一个量子态,因此在接近绝对零度的某个温度下,玻色子会处于一个基态量子态上。不管这个基态是单一的,还是多重的,它都被称为 degenerate。愚以为,此时还是译成"退化的"更贴近实际的物理图像。这个所谓的 Bose-Einstein degeneracy 算是彻底地退化了的状态。处于玻色统计意义下的 degenerate systems 被称为玻色-爱因斯坦凝聚体[3],它们是能表现出量子行为的大尺度体系。

下面我还是专注于对能级多重性意义下的简并的讨论。能级简并的信息当然包含在哈密顿量的形式中(?)。一个体系的能级存在简并,那说明体系的哈密顿量存在某种形式的对称性。那些同一能级的简并状态,可能对应其他观测量(比如角动量)的不同值。也就是说在这些观测量中状态是简并的。角动量对应的简并是因为有转动对称性。晶体的平移对称性导致简并的晶格振动态,所以晶格振动只在第一布里渊区内考察即可。

通过研究哈密顿量的对称性,允许在未求得具体的解的情况下弄清楚简并的性质。Pauli 1926 年从群论出发解决氢原子问题。Pauli 的分析基于如下事实:平方反比有心力场中粒子的运动,存在作为守恒量的拉普拉斯矢量。它的三个分量,连同角动量的三个分量,是李代数 SO(4) 的生成元。由该代数的二次型 Casimir 算符可得到类氢原子的束缚态能谱[4]。此方法相对于薛定谔的解微分方程的优点是，它能自动得到谱线简并（degeneracy，其意义应包括现象本身以及简并的数量上的度①）的内容，而在薛定谔那里是被当作"偶发"对称性的后果的②。当然，有些体系或者模型的哈密顿量无法严格计算或推导，而近似方法可能提升、降低体系的对称性，从而带来一些人为的物理内容，如自旋玻色模型中存在量子相变的结论。要命的是，这种对称性的改变可能是在不知不觉中被带入的，尤其是涉及无穷多项的时候。

能量态是否简并，未必是解量子力学方程就能确定的。哈密顿量形式本身还不知道对不对呢。氢原子的 $2^2S_{1/2}$ 和 $2^2P_{1/2}$ 能级在量子力学语境中就是简并的，但是实验发现它们之间的能量是有间隔的，此即所谓的 Lamb shift。此现象在量子电动力学中才得到解释。某个层面上的简并度，也许只是认识不足而已。氢原子的能级粗略地看是由主量子数 n 决定的，这个粗糙的理论正好和当时能提供的关于光谱的粗糙测量相适应。计入相对论和自旋效应，能级表示变为

$$\Delta E = -\frac{mc^2(Z\alpha)^4}{2n^3}\left(\frac{1}{j+1/2} - \frac{3}{4n}\right), \quad j = l \pm \frac{1}{2} \ (l=0, j=\frac{1}{2})$$

这即是谱线的精细结构，参数 α 被称为精细结构常数。当然，还可以计入电子自旋-轨道耦合、核自旋-转动、电四极矩等作用引起的能级分裂，统称为超精细结构。这里的思路是，当更细节的相互作用被考虑时，进一步降低了体系的对称性，则造成了去简并。发现了一个简并，给出一个解释；又发现可能有新的简并，于是又给出新的解释。关于这些问题的理解就这样踟蹰前行。

能级简并意味着哈密顿量中蕴涵关于某个力学量的对称性，如果施加一个扰动，也即加入一个关于此力学量的线性项（对称性是低了点），比如施加一个外电场、外磁场或者光场等，新的哈密顿量对应的能级可能就会（部分地）分开，造成能级分裂（level splitting）。纯粹因为环境的不同，分子态因为隧穿效应也能退简并。电场和磁场带来的光谱的分裂，分别被称为 Stark 效应和 Zeeman 效应，而由于轨道和晶格之间相互作用引起的去简并则被称为 Jahn-Teller 效应。去简并（或曰退简并）的现象很好理解。就象酒肉朋友，没有利益

---

① 这种一个洋文词同时对应两个不同侧面汉译的现象，时有发生。
② 微分方程解的简并情况，很难直接从微分方程看出来。不过，对微分方程的对称性分析这样的数学是有的。1990 年我在长江上坐船的时候带的就是这方面的书，可到现在也没学会！

冲突时,你好我好可以穿一条裤子,处于简并态;遇到仨瓜俩枣儿的甜头,便立马翻脸不认人了,这就是去简并。

简并的解除,英文用的动词是 lift。我怀疑 to lift degeneracy 就是对德语表达 Entartung aufzuheben（aufheben,解除（咒语,法令））的直译。这个 lift 的用法,如同是在 how to lift a witchcraft spell（如何解除魔咒）中一样。解除魔咒需要王子的一吻;解除能级的简并,人们引入扰动（图2）。是否有不可以 aufheben 的简并,至少是不是通过改变体系对称性造成的退简并呢？有,那就是一类被称为拓扑序的东西。据说,量子自旋液体和 Kitaev 的 toric code 模型,在球面上基态是非简并的,而在圆环面上则有严格的简并基态[5]。存在依赖于拓扑的基态简并是有拓扑序的哈密顿量的一个特征。基态简并现象的存在,使得热力学第三定律的早期表述形式,即温度趋于绝对零度时体系的熵为零,失效了。

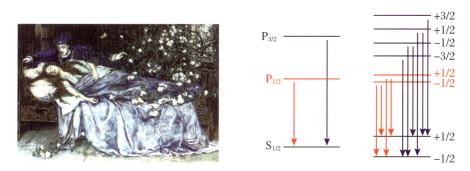

图2 （左）油画《睡美人》(Henry Meynell Rheam 作),王子的吻 lifts 施于公主的魔咒;（右）磁场 lifts 电子能级的简并

Degeneracy 的重要性

简并（度）的概念在量子物理中的重要性,可从其在推导玻色-爱因斯坦统计和费米-狄拉克统计的过程中所扮演的角色加以评价。先说玻色-爱因斯坦统计。1900 年,普朗克从构造的黑腔内能同熵的关系,即 $\frac{\partial^2 S}{\partial U_\nu^2} = -\frac{k}{U_\nu(h\nu + U_\nu)}$,得到了能够拟合黑体辐射曲线的公式①

---

① 那时还不知道光子有两种偏振态,或有简并度2,故此公式差个因子2。

$$e_\nu = \frac{4\nu^2}{c^2} \frac{h\nu}{\exp(h\nu/(kT)) - 1}$$

因为又要从玻尔兹曼的那套经典概率公式——N 个球放到 P 个盒子里有多少种方式的问题——得到同样的结果,所以引入假定 $U_\nu/(h\nu)$ 为一个整数。这就是开启量子时代的关键假设。1924 年,一个印度青年 Bose 写信给爱因斯坦,说如果给定能量的光量子①有不同的态的话,也即若光量子的能级存在简并的话,一样能得到普朗克公式[6]。其推导如下:设能量为 ε_i 的能级,包含 g_i 个不可区分的亚能级,由 n_i 个粒子所占据,则不同占据状态数为 $W = \frac{(n_i + g_i - 1)!}{n_i!(g_i - 1)!}$。利用拉格朗日乘子法计入总能量和总粒子数的约束条件,得到熵最大时的分布为 $n_i = \frac{g_i}{e^{\alpha + \beta \varepsilon_i} - 1}$,其中 $g_i \geq 2$。后来的研究表明,光子确实有两个亚能级,$g_i = 2$,对应两个极化(偏振)态。这就是玻色-爱因斯坦统计。

费米-狄拉克统计是关于电子等一类粒子的分布的。1926 年,人们已经确信任意一个状态只能由一个电子占据。设能量为 ε_i 的能级,包含 g_i 个不可区分的亚能级,由 $n_i = 0, 1$ 个粒子所占据,则不同占据状态数为 $W = \frac{g_i!}{n_i!(g_i - n_i)!}$。同样利用拉格朗日乘子法计入总能量和总粒子数的约束条件,得到熵最大时的分布为

$$n_i = \frac{g_i}{e^{\alpha + \beta \varepsilon_i} + 1}$$

这就是费米-狄拉克统计[7]。

在推导费米-狄拉克统计时,用到的两个关键概念是不相容原理和简并现象(exclusion principle and degeneration phenomenon)。对于费米子来说,不相容原理和简并现象如影随形。这两个原理之间的微妙关系,在社会生活中也时有体现。比如,副×长的位置至少原则上是允许 degenerate 的,而正×长的大位,类似皇帝的宝座,是 unique 的,遵循不相容原理。觊觎大位的人,只有成功和毁灭两条路,也难怪量子力学选择使用产生算符和湮灭算符的语言。中国历史上,武则天在宫内与正牌皇帝唐高宗李治平起平坐,并称"二圣",是罕见的皇帝宝座上的简并现象。不过,考虑到武则天和李治毕竟是两口子、一家人,这就有点象

---

① 光子(photon)的概念要等到 1926 年才会出现。

有些复合费米子，其表现出遵从玻色-爱因斯坦统计的行为倒也容易理解。

文章结束前，将关于简并的西文词再总结一下。Degeneration（名词）和 degeneracy 一样，指存在简并的现象。不过，degeneracy 还有简并度的意思。一个能级的简并度，就是能级的重数（multiplicity）。在德语中，简并度用 Entartungsgrad 表示，其中的度（Grad）这个词是显性的，因此不会和简并这种现象（Entartung）相混淆。Degenerate，形容词，意为存在简并的，如 degenerate energy level（简并能级），而形容词 degenerative 则意为造成简并的、有简并（退化）倾向的，物理学文献中也有把简并态写成 degenerative states 的，但是少见。

最后提及一下一个洋文概念在数学和物理两个领域中各自汉译的现象。Degenerate 在数学文献中被翻译成退化，在物理文献中被翻译成简并。似乎这种情况还有很多：vector 在数学中是向量，在物理中是矢量（据说原来是倒过来的）；field 在数学中是域，在物理中是场；等等。把同一个概念在数学和物理中给翻译成不同的词，反映的是数学和物理学在这个国家的割裂，以及可能由此造成的这个国家的科学家其个人数学知识和物理知识的割裂。这样的科学和科学家，好象只有一面的硬币，其价值是可疑的。

补 缀

1. 在 Gas discharge Physics（Yuri P. Raizer，Springer，1997）一书第 335 页上，有 degeneration condition for a streamer 的说法。Gaseous Dielectrics Ⅸ（Loucas G. Christophorous，James K. Olthoff (eds.)，Kluwer Academic/Plenum Publishers，2001）一书第 179 页上有一句为 there is a considerable applied interest in the streamer parameters in SF_6 because of a highly electronegative character of the gas. In this case, an extremely fast decay of the plasma leads to the degeneration of the stepwise streamer propagation。在关于 streamer（一种放电形式，如高压线上的放电）的语境中，degeneration 译成退化都勉强。也许，纯字面上的"不生（de + genus）"倒能更真切地反映实际的物理图像。

2. *J. Phys. A*：*Math. Gen.* 14，L399-404（1981）有篇文章，题为 A Potts model with infinitely degenerate ground state。如果这是真的，那可麻烦了——热力学第三定律完了。可见，当年构造热力学第三定律太想当然了。就第三定律（$T\to 0, S\to 0$）成立的情形，即存在单一基态的体系，有哪些呢？据说：Many systems, such as a perfect crystal lattice, have a unique ground state and therefore have zero entropy at absolute zero。我记得 Michael P. Marder 所著 *Condensed Matter Physics* 的序言中提到这可是未见证明的。实际上，我也从未见过理想晶体的基态非简并的证明。

3. Walter Moore 所著 *Schrödinger*：*Life and Thought* 一书第 179 页有句云：[Walter Nernst] directed his attention to "the degeneracy of gases" at very low temperatures, by which was meant the failure of their specific heats to follow the ideal-gas law。这就对了。Failure to follow the (ideal-gas) law 才是 degeneracy（败坏、退化）的本义。Only at temperatures in the neighborhood of absolute zero would a gas become "degenerate"。为什么呢？因为太靠近了，空间太拥挤了，新的作用就起作用了；甚至连空间也扭曲了。中子星内部，那就是量子力学 meets 广义相对论的地方，它提供了物理学的舞台元素和融合这两种理论的机会？

4. 简并状态会带来一些麻烦，所以要注意。如果 $[H,P]=0$，则 H 的非简并本征态也是宇称算符 P 的本征态；也就是说 H 的非简并本征函数，在 P 算符的作用下，要么不变，要么加一负号。

5. 简并意味着统计权重，因此会在一些具体的物理性质中表现出来。实际上，恰是对氢的比热研究，推断出氢分子的能级简并情况，人们才认定质子的自旋也为 1/2。从原子和分子氢的谱线研究能推断出电子、质子的自旋，从固体就很难得到这样的结果。同志，你要学会研究简单的、有物理的体系！

6. 不同于普通金属，半金属（semimetal）同时具有电子和空穴两种载流子，因此毋宁说它们是 double-metals。但是，其中的载流子数目较少，因此更接近简并半导体。这解释了为什么半金属的导电特性介于金属和半导体之间。

7. 一个二阶张量，或者方阵，是 non-degenerate（非退化的），是指其矩阵值（determinant）不为零。这一点对于广义相对论中的时空的度规张量，尤为重要。

8. Stefan Zweig 在 *Sternstunden der Menschheit*（《人类的群星闪耀时》，有中译本），Fischer Taschenbuch Verlag（2000）p.237 上有句云：Er blickt auf das Volk und sieht, daß es längst nicht mehr das alte römische populus romanus ist, jenes heldische Volk, von dem er geträumt, sondern ein entarteter Plebs, einzig nur auf Vorteil und Vergnügen bedacht……。这里的 ein entarteter Plebs，就是那堕落了的民众。

[1] Arfken G B, Weber H J. Mathematical Methods for Physicists[M]. 6th ed. Elsevier, 2005:636-638.

[2] Ji A L, Li C R, Cao Zexian. Ternary Cu_3NPd_x Exhibiting Invariant Electrical Resisitivity over 200 K[J]. Appl. Phys. Lett., 2006, 89:252120.

[3] London F. The λ-Phenomenon of Liquid Helium and the Bose-Einstein Degeneracy[J]. Nature, 1938(141):643-644.

[4] Hirshfeld A. The Supersymmetric Dirac Equation: The Application to Hydrogenic Atoms[M]. Imperial College Press, 2012. 我引用的一段，原文照录如下：The quadratic Casimir operator of this algebra then yields a formula for the spectrum of the bound-state energy levels of hydrogenic atoms. The advantage of this approach over Schrödinger's method of solving a differential equation is that it automatically yields an understanding of the degeneracy of the spectral lines, which is treated in the Schrödinger approach as an "accidental" symmetry.

[5] Frohlich J, et al. Quantum Theory from Small to Large Scales[M]. Oxford, 2010:186.

[6] Bose S N. Plancks Gesetz und Lichtquantenhypothese[J]. Z. Phys., 1924, 26:178-181.

[7] Dirac P A M. On the Theory of Quantum Mechanics[J]. Proceedings of the Royal Society, Series A, 1926, 112 (762):661-77.

五十八 Norm and gauge

> 学高为师，身正为范。[①]
> 不知铸钱有范，而人之求之者，买钱不买范。
> ——［清］袁枚《随园诗话》

摘要　汉语的规、范常用来翻译 gauge 和 norm。Norm（normalization, renormalization），gauge 是近代数学和物理的重要概念。规范理论和重整化密切相关。

Dan Brown 的小说 *The Lost Symbol* 是以德国画家丢勒（Albrecht Dürer）的名作 *Melancholia*（忧伤）为背景展开的（图1）。小说里涉及的地下组织是从事 masonry（建筑行当）的。在这幅画里，你会看到规、矩，还有木匠用的墨斗。这些东西咱们都熟悉，说不定还是从咱们这儿传过去的呢。规、矩都是约束性的工具。要想把事情做得统一、齐整、标准，就需要借助强的约束（constraint）。木匠用到规、矩，打土坯的需要用模子，铸造金器要用到范（繁体字写作"範"）（图2），道理是一样的。

[①]　据信此句出自教育家陶行知。学高？身正？几人能够？如何能够？

图1 （左）丢勒的原作 *Melancholia*；（右）仿作 *Melancholia* Ⅱ 就是一部浓缩的近代物理

图2 规、矩、模、范

规矩和模范可能很早就成了抽象的合成词，所含意图都是对他人的约束。《孟子》有句云："不以规矩，不能成方圆。"强调统治者要"法先王"[①]。唐太宗李世民为了让帝二代李治有个帝王样专门编写了《帝范》，明末刘氏为天下妇女编写了《女范》，前者为人立规矩，后者替人树榜样。尤有甚者，我们还把培养教师弄成了师范事业。要照鄙人的理解，一个人总要学问够大、品行够好才能为人师范的，而这是要经过多年修行才能得来的境界，恐不是什么人都能够的，也不是什么人都愿意的。一个十几岁的小年轻，本身还嗷嗷待哺呢，怎么进了一个师范学校读两年就能成为教师了呢？多吓人。中国目前"读师范去教书"的教育模式，估计也是教育不堪的一个原因。照着书本去教书，清代袁枚有一句很损的话，叫"遗腹子上坟"，谓之不管哭得怎样真切，毕竟不曾和生父建立起过感情。反过来，若人们在有了一点人生阅历、思考体验后才去当老师，或许能带出做更大学问的学生，这个社会才能得见学问的进步。被誉为"现代分析之父"的大数学家 Weierstrass，就是德国的一个中学教员，这样的中学老师大体说来才是合格的。

师范学校是对西文 normal school 的翻译，而 normal school 是对兴于十六世纪的法国 école normale 的翻译。据说，école normale 是为了给未来的老师们以模范的教室和模范的教师而设立的，有时候是（中小学）学生、老师和老师的（师范）老师同在一个班级里上课。最有名的师范学校要数 École Normale Supérieure de Paris（俗称巴黎高师），该校的定位确实是在主流大学之外的教育场所。这所学校为法国培养了成打的哲学家、作家、数学家、自然科学家和其他门类的精英，为法国贡献了 12 位诺贝尔奖得主。不过这些得主们若和其校友如傅里叶、伽罗华、萨特等人相比，似乎也不值得一提。这样的 normal school，才是当得起"师范"二字的[②]。

规、矩、模、范对应的词，于人类活动而言太重要了，因此都融入了我们的数学和物理学。和 normal 有关的词，如 norm，normalize，normalization，renormalization 都是重要的数学或物理学概念。Norm 来自希腊语 $\gamma\nu\omega\mu\omega\nu$（gnomon），作为日晷主要部件的矩尺就是 gnomon（图3）。在线性代数中，

---

① 孟子此论是对孔子的"祖述尧舜"思想的继承。一切以先圣为榜样的思想，桎梏中国人的创造力两千余年。而今，人们又走到了另一个极端，言必称"创新"。没有继承底蕴的"山间竹笋"，能创出什么新来？

② 多好的教育经，怎么一到咱们这里就给念歪了呢？

norm 就是给矢量赋予长度的函数,汉译范数。常见的平面几何中,点(x, y)到原点的距离为 $R = \sqrt{x^2 + y^2}$,这就是欧氏范数。用到 normal 的一个重要概念是 normal distribution,即用高斯函数表示的分布,汉译为正态分布。这个看似 normal 的分布,不管是关于物理现象的还是在数论中的,其出现都是有深意的,不妨细察。

图3　日晷上的角尺就是 gnomon

　　动词 normalize 汉译归一化[①],和1有关,但其有几个不同的含义。如果有一组(非负)数值,将所有数值除以最大的那个值,则所有的值就分布在$[0,1]$区间了,这是将数据 normalized 了。对于某区间的函数 $f(x)$,如除以该区间上的另一个函数 $g(x)$,则结果 $f(x)/g(x)$ 可说是关于函数 $g(x)$ normalized 的函数 $f(x)$。在统计中,如一个事件之不同结果出现的次数为 n_i,则结果 i 出现的概率约为 $\rho_i = n_i / \sum_i n_i$,概率的总和为1,$\sum_i \rho_i = 1$。因此,当量子力学中的波函数被解释为粒子的几率幅时,必然要求 $\int_\Omega \psi^* \psi \mathrm{d}^3 x = 1$,这样的波函数我们说是归一化的(normalized)。如果波函数集 ψ_i 满足 $\int_\Omega \psi_i^* \psi_j \mathrm{d}^3 x = \delta_{ij}$,则波函数集 ψ_i 是正交归一的(orthonormal)。

　　在物理学中,时空常常被当作是连续统,同时还有点粒子(尺度为零)的概念,因此在计算中很容易出现无穷大。比如在经典电动力学中,计算电子在其自身引起的电场中的自能 $\int \frac{1}{2} \varepsilon_0 E^2 \mathrm{d}V$,如果把电子当成点电荷,积分就是发散的。在对量子电动力学所作的微扰计算中,积分也是发散的。对付这些无穷大的技巧就是 renormalization technique(重整化技术)。据说,重整化技术已经从令人生疑的权宜之计变成了物理学和数学中自洽的工具。重整化问题笔者不懂,但就算重整化技术是自洽的数学工具,电磁学理论中的那些发散似乎也还是由概念的荒唐带来的。

　　我们所说的圆规,在英文中为 compass,而在很多地方被翻译成"规"的,是

[①]　珠算口诀在九九八十一以后又回到一一得一,故有九九归一的说法。

gauge 这个词。Gauge 作为名词,有测量标准、测量工具或方法等意思。比如火车轮轨之间的距离,就是 gauge。我国采用的是 standard gauge,轮距标准为 1 435 mm。在真空科学中,离不开的是测量真空度的表,统称为 pressure gauge(压力规)或者 vacuum gauge(真空规)。有一种测量气压的方式利用和大气压的差别以力学效果来表征待测气压,类似弹簧秤的工作原理。利用电阻在给定气压环境中的散热能力来测量气压的是 Pirani 规,测量气压可低到差不多 10^{-1} Pa。测量高真空和超高真空常用的真空规,典型的有离子规(ion gauge 或 ionization gauge)。图 4 是常见的三电极构型的离子规,内圈是个闭合电路中的灯丝,负责提供电子,中间是栅极,加速电子使得周围的气体离化,外侧悬空的是收集极(也加电压)负责收集离子电流供测量用。当然,这三个电极也可以反过来布局。测量到的离子电流可标定为气体的电压。这些设备之所以称为 gauge,是因为离子电流—气压的关系是需要认真校准(gauge)的吧?我们看到,这个所谓的测量真空度的真空规,其实是个电路而已。在不知多少次拆拆装装以后,笔者终于领悟了一套德文电工电子学教程里的一句话(大意):所有的电工电子学设备,不过就是以某种方式输出电流或者电压①。参考这句话,我有一天明白了一个道理:所谓的理论物理,不过就是构造可以和现实套近乎的加法和乘法而已。

图 4 常见的三电极构型的离子规

Gauge 作动词,有精确测量、估测、作测量标准、校准、使……符合标准等多重意思,汉译容易有失偏颇。比如,在 The difficulty of interpreting Maupertius can be gauged by reading the original works(诠释 Maupertius 的困难可以通过阅读原文加以 gauge)中,gauge 译为"(不断)修正"比较合适;在 The scale factor gauging the size of the universe becomes infinite after only a finite time(gauging 宇宙大小的尺度因子在有限时间后变为无穷大)[1]中,则应是"设置标准"的意思;在 to gauge the ebb and flow of water (public opinion)中,gauge 就是监测的意思;在 The depth of wound felt by the Church can be gauged from the

---

① 我永远不会忘记这句话,就是这句话让我经过千辛万苦后也糊弄到了一个实验物理博士学位。而恰恰是因为没能及时悟出我后面所说的那句话,才耽误了我的理论物理博士学位。

fact that he（Galileo）was not pardoned until about 350 years later[2]中，gauge 兼有赋予量度和估量的意思；而在 we can pose the question of their cardinality, of their measure, or of a number of other gauges[3]（（关于数）我们可以问它的序、测度以及一些别的 gauge）中，随便将 gauge 翻译成汉语的"规范"似乎语焉不详，它应该指的是能度量数的一些特征，除了这里提到的 cardinality 和 measure 以外，比如还有 category（类）。Category 这个关于数的概念很重要，量子力学如今也发展到 categorical quantum mechanics 了，不知哪年我们的课本里会教授这些内容。

在物理中出现 gauge 作为理论之一部分，是在电磁学中，此时 gauge 被汉译成"规范"。在连续介质电动力学中，电场 E 和磁场 B 只包含物理的自由度，即电磁场构型的每个自由度都对附近的验电荷的运动有单独可测量的效应。引入标量势 φ 和矢量势 A，则有

$$E = -\nabla\varphi - \frac{\partial A}{\partial t}, \quad B = \nabla \times A$$

但是，对于变换 $\varphi \mapsto \varphi - \partial\psi/\partial t, A \mapsto A + \nabla\psi$，电磁场构型不变。也就是说势具有更多的自由度（规范自由度）。经典电动力学操心的是电荷的运动，直接相关的是电场强度和磁感应强度，势函数可以看作纯粹是数学的存在，仅只是有利于证明或者计算才引入的。规范自由度的问题，当时被认为"是一个简单而略显麻烦的特点"[4]。一个给定的标量势 φ 和矢量势 A 的选择就是一个 gauge；函数 ψ 就是 gauge function，是比"势"高一个层面的量，它是以其时空梯度的形式加到"势"上去的。Gauge fixing 可以有很多种方式[5-7]。

Gauge 在数学和物理的语境中到底是什么意思？Wiki 上有个比喻，我以为妙极了。设想有一个（数学的）圆柱，如果被扭了但又保持圆柱的形状，你当然无法知道是否发生扭曲了①。但是，若在圆柱的底端到顶端加一条曲线，则从曲线的变化可以判断是否发生了扭曲。这个过程就是一个 gauge 的过程。这种情形与其说是添加约束，更准确地说是添加参照！注意，这条曲线是从外部加上去的，不属于考察的对象，因此也不应该影响考察对象的性质。

一般教科书上介绍的电磁场的规范有库仑（Coulomb）规范和洛伦兹

---

① 保持外形不变的圆柱曾被扭过了吗？这也就是理论物理学家和数学家的困惑。晶体学家就知道晶体被扭了一下会有什么结果。

(Lorenz)规范。库仑规范,是规范矢势 A 的,$\nabla \cdot A = 0$。在量子力学中,这样规定的矢量势是量子化的,而库仑势,即标量部分,则没有。库仑规范的优点是可以将势写成如下形式:

$$\varphi(r,t) = \frac{1}{4\pi\varepsilon_0}\int \frac{\rho(r',t)}{|r-r'|}\mathrm{d}^3 r', \quad A(r,t) = \frac{\mu_0}{4\pi}\int \frac{j(r',t)}{|r-r'|}\mathrm{d}^3 r'$$

即电荷分布产生了势 φ,电流分布产生了磁矢势,因果关系明了,且还是 instantaneous(瞬态的)。所谓的洛伦兹①规范是规定了($\varphi;A$)的梯度的,$\nabla \cdot A + \frac{1}{c^2}\frac{\partial \varphi}{\partial t} = 0$。这个洛伦兹规范的一个特点是保持了洛伦兹不变性(Lorentz invariance),$\frac{1}{c^2}\frac{\partial^2 \varphi}{\partial t^2} - \nabla^2 \varphi = \frac{\rho}{\varepsilon_0}, \frac{1}{c^2}\frac{\partial^2 A}{\partial t^2} - \nabla^2 A = \mu_0 j$,格式统一,且具有波动形式。当然电荷密度和电流密度是满足连续性方程的(没有这一条,洛伦兹规范是不完全的。此外还有 Weyl gauge($\varphi = 0$),multipolar gauge,Fock-Schwinger gauge,R_ξ gauge,等等,一般教科书基本没有提及。Jackson 在提及规范时,认为 The choice of gauge is a matter of convenience(规范的选择只不过是为了方便而已)。规范的选择真的仅仅是为了便利吗?②事情的发展,我指的是后来规范场论的出现,不仅改变了物理学自己的面貌,也改变了物理学被发展的方式。它将笔者这样资质平庸的物理学习者挡在了大门之外。

麦克斯韦方程关注的是电场而非电荷本身。电磁学有一个很重要的、前提式的方程,连续性方程,或者说是电荷守恒定律。根据 Noether 定理的精神,守恒定律是和连续性相联系的。则寻找关于电荷的定律就变成了找寻那规律应满足的对称性。Hermann Weyl 决定来做这件事。他考虑 Noether 定理和李群的问题,最后于1918年得出结论,电荷守恒是和一个他称之为规范对称性(gauge symmetry)相联系的。1929 年,Weyl 建议把替换 $\partial_\mu \to \partial_\mu + \frac{ie}{\hbar}A_\mu$ 当作

---

① 这个洛伦兹是丹麦人 Ludvig Lorenz(1829—1891)。捣腾麦克斯韦方程组的那个洛伦兹变换,是以荷兰人 Hendrik Lorentz(1853—1928)命名的。至于1961年给出三变量一阶微分方程组描述气象变化的美国气象学家,那是 Edward Lorenz(1917—2008),见于洛伦兹吸引子(Lorenz attractor)。中文书中把这三者弄混的有不少。

② 就算仅仅为了方便而已,那也不是一般物理学家能达到的高度。就象不同的椭圆方程对应不同的有心力问题的难度一样。基于 $\frac{x^2}{a^2}+\frac{y^2}{b^2}=1$ 形式的椭圆方程作为平方反比有心力问题的解(之一)的证明,也亏牛顿他老人家能想得出来。

是可推导出电磁学的原理,他称之为 gauge principle or minimal principle[8]。这本质上还是最优化,是 Maupertius 思想的延续。将广义协变原理应用到一个规范不变性上,他从爱因斯坦的理论能得到麦克斯韦方程。Weyl 把他理论中的不变性称为 Eichinvarianz(规范不变性);规范理论现在在德语中也是被称为 Eichtheorie 的。Eichen,德语动词,是"校准、检验"的意思,见于 die Waage zu eichen(校秤),Eichstempel(检验章,就是盖在猪肉、牛肉、羊肉上的蓝戳)。如从这个意义上来看,似乎不好理解 Eichtheorie 是干什么的。因此,它才被认为那可能是张冠李戴,应该被称为"电磁场的相位理论"[9]才对。

Weyl 的规范理论的后继发展是他本人未能预见到的①。1922 年,薛定谔意识到规范因子的周期性同玻尔的量子化轨道周期性之间的联系。他尝试几种规范因子,包括 $\gamma = -i\hbar$ 形式的。这实际上表明了 Weyl 的理论就是量子力学里的电磁理论[4]。这一通捣腾在 1925 年结出了硕果,那年年底薛定谔构造了波动方程,有了 1926 年分四部分发表的量子力学奠基性文章。1954 年,杨振宁先生和 Mills 把电荷守恒相关的规范理论推广到同位旋守恒的情形,于是有了 Yang-Mills 理论。这时人们已经可以说,规范自由度演化成了一个基本的对称原则。它差不多同时被数学家发展成纤维丛理论[4, 10]。

规范场论遭遇的一个问题是 renormalization,这是我把 gauge 和 norm 放在一起咬文嚼字的原因。重整化,或者使之重归正常,其实指的是消除计算中的无穷大。因为规范理论一般是高度非线性的,这不是件容易的事情。1969 年荷兰博士生 't Hooft 证明了 Yang-Mills 场是可重整化的,把他的导师也推成了诺奖得主。重整化作为一种纲领从 20 世纪 40 年代就为人所理解,在混沌等其他领域有了应用,但其依然缺乏牢固的数学基础。许多人是不喜欢重整化的。Dirac 曾宣称:… The remarkable agreement between its results and experiment should be looked on as fluke(重整化的结果和实验吻合应作碰巧

---

① Weyl 是一个了不起的物理学家和数学家,他对量子力学和相对论都有独到的贡献。他把群论的思想引入到物理学的研究当中。如果不是突然去世,天知道他还能做出哪些出人意料的发现。1955 年,名满天下的 Weyl 迎来了他 70 岁生日以及雪片般的祝福信件。老先生一封封地回复并自己送到邮局去寄送,结果在路上不幸摔倒身亡。看到这一点总让我想起《功夫熊猫》里的一句话:One often meets his destiny on the road he takes to avoid it(规避恰是遭遇命运的原因)。我觉得这句话不仅是哲学的,更是物理的。直来直往的因果律,不足以撑起物理学的全部天空——"原因在结果中"的念头时常出现。这个思想在 Wheeler 的工作中有所表现,而 Wheeler 对 Weyl 的钦佩之情,是见于言表的。

看待）。重整化甚至被说成是卑鄙的、不道德的（By general consensus renormalization is a sleaze）[11]。Renormalization 的成功与缺乏数学基础，让我想起了 Madelung 常数的计算。在计算 NaCl 晶体的 Madelung 常数时，会遇到级数 $M = -6 + 12/\sqrt{2} - 8/\sqrt{3} + 6/\sqrt{4} - 24/\sqrt{5} + \cdots$，你若稀里糊涂地算一下，会发现 $M \sim -1.747\,56$, fitting the experimental result very well（和实验结果吻合得很好）；但是你若数学好一点，你知道这个级数是发散的！物理使用的数学和严谨数学，到底是怎样的关系呢？

我把 gauge 和 norm 放在一起咬文嚼字的另一个原因是规范对称性和波函数的模（norm）也有关。波函数总要求有正定的、满足洛伦兹不变性的模，但是对于多粒子体系，这并不总是能做到的。对于自旋整数的粒子，需要将非物理的负模状态给弄成零，这时候规范对称性就派上用场了。你看，gauge 在这里又碰上了 norm，而这是量子统计的基础。绝大多数教科书提到统计和自旋的关系时，都是大大咧咧地说自旋整数的粒子满足玻色-爱因斯坦统计，而自旋半整数的粒子满足费米-狄拉克统计而不提供得出这个结论的过程。这些物理的事实固然重要，但如何得出这些发现的过程和方法可能才是我们要真正学会的物理。

后 记

要是你发现本篇关于 gauge 的介绍没什么价值，那是因为我根本就不懂规范场论的缘故。1990 年暑假我老师丢给我一本法国人写的量子场论。在闷热的乡下草屋里，俺努力看来着，没看懂。原因不外有三：(1) 规范场论本身有点难；(2) 我基础太差；(3) 那个法国人的英语估计是体育老师教的。只能对着一本书看的时代，看不懂的事情时常发生。在今天信息获取很容易的社会，有看不懂的物理书就不应该了——把看不懂的扔到一边，换本能看懂的，如此而已。

补 缀

1. 巴黎高师贡献了一个 Bourbaki 学派，诺奖得主不过是普通校友，这种成就天下哪所大学能够？敢想吗？
2. Dwight Neuenschwander 所著 *Emmy Noether's Wonderful Theorem* 第 114 页，有个关于 gauge invariance 由来的说法。因为 $e^{i\theta}$ 可以表示复平面内与实轴成 θ 角的一个射线(ray)或曰矢量，而这个射线状的家伙和压力表、电流表、速度表一类的模拟仪表的指针太象了，θ 角的改变类似指针的晃动，因此由乘上因子 $e^{i\theta}$ 这样的变换所对应的不变性就被称为 gauge invariance。Gauge invariance，正确的译法看来应该是指针不变性或者仪表不变性。中文高大上的翻译习惯让中文物理概念脱离了物理的现实，有没有？
3. 紧致群(compact group)与薛定谔方程之解有同样的归一化问题。有些可以归一化，有些不可以归一化；不可归一化的问题就那么放着，作为隐患。

参考文献

[1] Frampton P H. Did Time Begin? Will Time End? [M]. World Scientific, 2010: 74.
[2] Cotterill R. The Material World[M]. Cambridge University Press, 2008: 15.
[3] Kninchin A Ya. Continued Fraction[M]. Dover Publications, 1997.
[4] 杨振宁. 曙光集[M]. 上海: 三联书店, 2008.
[5] Miller F P, Vandome A F, McBrewster J. Gauge Fixing[M]. International Book Marketing Service Ltd., 2011.
[6] Jackson J D. From Lorenz to Coulomb and Other Explicit Gauge Transformations[J]. Am. J. Phys., 2002, 70(9): 917-928.
[7] Jackson J D, Okun L B. Historical Roots of Gauge Invariance[J]. Rev. Mod. Phys., 2001, 73: 663-668.
[8] Weyl H. Electron and Gravitation[J]. Z. für Phy., 1929, 56: 330-352.

[9] Yang C N. Thematic Melodies of Twentieth Century Theoretical Physics：Quantization，Symmetry and Phase Factor[J]. Int. J. Mod. Phys. A，2003，18：3263. 原句为：Weyl in 1929 came back with an important paper that really launched what was called, and is still called, gauge theory of electromagnetism, a misnomer. It should have been called phase theory of electromagnetism.

[10] Wu A C T，Yang C N. Evolution of the Concept of the Vector Potential in the Description of Fundamental Interaction[J]. Int. J. Mod. Phys. ，2006，21：3235-3277.

[11] Rothman T，Sudarshan G. Doubt and Certainty[M]. Helix Books，1998：13-14.

五十九 波也否，粒也否

> Nature, it seems, is the popular name for milliards and milliards and milliards of particles playing their infinite game of billiards and billiards and billiards.
>
> ——Piet Hein in *Atomyriads*[①]
>
> You're not a wave, you're a part of the ocean.[②]
>
> ——Mitch Albom

摘要 波与粒子是两个用来描述物质世界的形象化概念。不管是哲学上的 wave-particle duality 还是字面上的 wavicle，都无法掩饰我们缺乏描述自然之能力的尴尬。

一、波乃水之皮

宋朝翰林学士苏轼，号东坡居士。一日，宰相王安石讲《字说》，谓一字解作一义，如东坡的坡字，坡乃土之皮也。东坡笑道："如荆公所言，滑字难道是水之骨吗？"王安石一时语塞。此段机锋千年来当作文坛轶事流传，我有幸知晓，也

[①] Piet Hein 是一位怪才，其作品以别出心裁而闻名。这首诗的大意是：自然，不过是那万亿、万亿、万万亿的粒子所玩的弹球、弹球、弹弹球游戏的俗称。诗的名字 atomyriads 由 atom + myriad 组合而成，前者为希腊语"不可分的"，即原子，后者为希腊语的"万"，大概可理解为"不可切分之恒河沙数"的意思。这个组合词的寓意还是蛮深的。

[②] 你不是波，你是海洋的一部分。

跟同事们聊起过。2007年夏某日,一群人在海边玩水,我的同事窦教授顿悟:"老曹,滑可不就是水之骨嘛!水中有固体,固体上有微生物附着生长,易造成滑腻效果。"①吓,古人造字,诚不我欺。这位窦教授文化底蕴厚实,加之由物理而研修生物,由他悟出滑是水之骨,自是情理之中的事情,所以俺当时一点也不惊讶。这件事给我的启发是,一个人一定是非常非常没有底蕴,其学问才会不断跨越式地跨越。

"坡乃土之皮,滑是水之骨"的轶事让我想到了一个重要的物理学概念——波,并且认识到了"波乃水之皮"!水给了这个世界生命,说它带来了物理学也不为过。流(万物皆流的思想,流体力学,流数等)[1]、涨落、镜面反映,这些所谓物理学的重大概念,哪一样不来自于水。水的众多性质都不同于其他液体,因此人们津津乐道水的 anomaly(反常)②。水的反常性质之一是它的表面张力(能量密度,或曰水皮的弹性模量),室温下约为 72 mN/m。因为水有这么大的表面张力,且还是极性的,水面的振动就很容易被激发——你用根头发轻触水面就能看到水波(图1)。波,水之皮,水之皮的振动,就这样深入人心,深入了物理。

图1 小小的蜻蜓轻触水面,即见波澜壮阔

波,英文为 wave,德文为 die Welle。英文的 wave 可作动词用,来自德语的 waben(b, p, v 通假),字典解释为 to move to and from(来回摆动),所以有 wave your hand(招招你的那个手儿)的说法。Wave 还被解释为 fluctuate。不过 fluctuate 这个词来自流动(to flow),我们把 fluctuation 译为涨落,涨落也是由"水"而来的。英文中提到波或者波动现象,还会用 undulation 这个词。这个词来自拉丁语 unda,就是水。德语的 das Wasser,英文的 water,法语的 l'eau,俄语的 вода 都应该是脱胎于这个字。法文的波是 ondulatoir,词头为水,如同汉语的波,偏旁为水。对于那些随处可见的自然现象,不同文化的描述相差不远。注意,英文文献中谈论波动行为用形容词 undulatory,如 undulatory material world(波动的物质世界)。

---

① 造成滑的效果当然不一定需要微生物,但古人一定是在固体-液体界面上深刻体会到了滑的感觉。一些固-固界面或者一些层状结构固体的内部也足够地滑。

② 物理里会有任何反常吗?

二、粒粒皆分明

粒，谷粒，米粒，是我们祖先最熟悉的事物。粒乃谷物的量子（quantum），"粒"字给我的感觉是那种分立的存在。一个一个的个体，有明确的隔离，合而成一个广延的世界以至于你常常看不到或者忘记那些个体的存在。古希腊人认为世界是由 atom + void 构成的，即由不可再分的单元及其间的缝隙构成的。唯因 void 的存在，才得见分立的 atom；或者既然我们认定有 atom，则必须连带着承认 void 的存在。这个朴素的世界模型可能来自对沙丘的观察。玉米穗也能很好地图解这个哲学命题（图2）①。

图2　沙丘与玉米穗。颗粒加上粒间的缝隙，构成了一个绵延的世界

粒，对应的英文词为 grain，granule，corn，也是谷物的种子。这个概念也用来描述其他差不多大小的、能构成广延世界的分立单元，如砂粒、盐粒、雪粒等。近年来比较热的颗粒物质研究，关注的就是砂粒、豆粒这样的 atom 所构成的物质体系，它们被称为 granular materials。

基础物理学中的一个基本概念是粒子。"粒"加上"子"，是为了强调其尺度之小。其实，"子"字的原意为婴儿，可作"小"字解；"粒"字有个兄弟，即"籽"字，用来表示比玉米粒、黄豆粒要小一些的种子，如油菜籽、草籽、萝卜籽等。粒子在物理学中是对 particle 的翻译。不过，particle 是由 par（等分）加上小词（icle）构成的；类似地，德语的粒子 Teilchen 是由分（teilen）加上小词（chen）构成的；它们有自大而小的渊源记录在里面。汉语的粒子就没有这个意思在里

---

① 它的数学描述在哪里呢？

面,玉米粒生来就是玉米粒,没听说它是从什么事物分割而来的。

西文里谈论微粒说常用到另一个词 corpuscle,这个词是由体(身体,corpus)加上小词构成的。医学上就把 corpuscle 翻译成小体,如 splenic corpuscle,汉译肾小体。Corpuscle 和 particle,如同汉语的粒与籽,都是来自日常生活的词汇。当它们被引申了去描述微观世界里的存在时,其指代物的相对大小可能是笔糊涂账。笔者下意识地以为 corpuscle 指代的事物比 particle 块头大,这没什么道理,但在理解光的微粒说/粒子说时可能要面对这个问题。

三、有光自天上来

人类作为智慧生物的一个前提是它拥有探测光的能力。所谓的 optics,研究的是 the nature of light and vision(光与视觉的本性),将之翻译成光学是有失偏颇的,忽略了其同眼科学(ophthalmology)的渊源。考察一下太阳的光谱(图3),以及光在材料中引起电效应及破坏 H,C,N,O 等原子之间化学键的能力,你一定会理解为什么可见光的波长在 390~780 nm 之间,以及为什么波长~550 nm 的绿光那么赏心悦目(图3)①。人类花了很大的工夫才认识到,看见什么不需要眼睛发射任何东西,只需被动地接受来自被观察物体的光即可②。太阳每天都爽快地普照大地,给地球送来光与热。那么,光是啥?

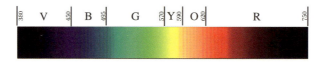

图3 可见光光谱。图中数字为波长,单位为 nm

古希腊的 atom + void 的思想在十七世纪发展成了 Gassendi 和笛卡尔等人的以物质原子论(atomic matter theory)为核心的哲学。与原子论可相提并论的是微粒论(corpuscularian theories, corpuscularianism)。与 atom 不同,微

---

① 人们常说可见光的颜色分为红橙黄绿蓝靛紫,愚以为不确。可见光的两端一定终结于不可见光,因此一定是黑色的,请仔细观察一下可见光谱。当然了,黑色无色。
② 一个物体被看见也无须发射或反射什么光。你看见一个黑色的物体是因为你没看见它。

粒（corpuscle）是可分的，微粒是携带别种低层次物质的 particle（corpuscles are particles that carry other substance or substances and are of different types），是可以由某个源发射的。后来，牛顿基于微粒论发展了光的微粒说（particle theory/corpuscular theory of light）。牛顿认为光的反射行为只能通过光是由 corpuscle 组成的（设想 corpuscle 是完全弹性的、无重量的）才能得到解释。笔者瞎猜，关于光的微粒说可能与雨有关。雨和光都来自天上，且可能是同时的。雨线为光线（ray）提供了很好的类比（图 4）。雨线是雨滴的集合体，焉知光线不是某种 corpuscle 的集合体，只是其可能比雨滴更小而已。

图 4　雨点与阳光。雨线为光线提供了模型？

然而，微粒说很难解释光的其他性质，如折射和干涉。胡克把光同水波相类比，并认为光对应的振动之振动方向和传播方向垂直。惠更斯认为，光是在 luminiferous ether（亮以太）这种介质中的波，当光进入高密度介质中时，会变慢。1800 年左右，Thomas Young 用波的概念解释了光的双缝干涉，他（注意他是位医生）还认为光的颜色是由光的波长不同造成的。菲涅尔关于小圆盘后面中心线上可能因为光的绕射而最亮的预言被实验证实后，光的波动说算是确立了。后来，当人们算出从麦克斯韦方程组得出的波动方程的解，其传播速度约等于测到的光速，加上赫兹还真从振荡电路中得到了电磁波，谁还有理由质疑光的波动说呢？可是，所谓的波动说对干涉、衍射等现象的解释，真的是解释吗？

物理的世界从不缺乏惊奇，警告所谓的物理学家们不要得意忘形。为了用玻尔兹曼那套原子的统计理论解释壁炉或者瓷窑中光谱分布对温度的依赖关系，普朗克在 1900 年不得不假设 $U_\nu/(h\nu) = N$，这个假设意味着一定频率的光，其能量是有单位的，为 $h\nu$。普朗克没把这个假设当真，但是 1905 年爱因斯坦把这个假设当真了，他用这个假设解释了光电效应。坏了，particle theory of light 的幽灵又回来了。注意，1905 年前后人们只是认为光的能量是分立的，有基本单元的，因此人们谈论 light quantum 应该指的是光（束）的能量量子。"光子（photon）"这个词要到 1926 年才造出来，那时物质波的概念已经有了，photon 应该指的不是能量量子，而是如玉米粒那样的分立的实在。这一细枝末节，似乎未见有人强调。此外，光子和光束之间的关系，也不是一个简单的问题。

四、法式喜剧与斯堪的纳维亚朴素哲学

1924 年，法国贵族青年德布罗意根据光之粒子说和波动说的争论，提出若光既能是波也能是粒子的话，那个被发现快三十年的电子，以及其他的被认定是 particle 的存在，是否也是波？他还给出了该波之频率和波长的表达式 $\nu = E/h, \lambda = h/p$①。1927 年得到的电子的（镍）晶体衍射花样被当作是电子波动性的强有力证明。

德布罗意的物质波概念当时被评价为法式喜剧（La comédie française），毕竟拿这么个公式就想当物理学博士也太便宜了。德拜觉得如果真要谈论波的话，总该有个波动方程吧？他把这个问题丢给了薛定谔，薛定谔拿这个问题当真了，很快得出了薛定谔方程并应用于氢原子。有了薛定谔方程才算有了真正的量子力学②。量子力学又称波动力学（wave mechanics），这个词来自有别于 ray optics, geometric optics 的波动光学，反映的是力学-光学是一家的历史事实。此问题，另当别论。

好了，波也是粒子了，粒子也是波了。波和粒子还可以这么个和谐法，一些物理学家感到很困惑。这时候聪明人出来了，说物质具有 wave-particle duality（波粒二象性），即物质既能是波，也能是粒子；或者说某些情景中是粒子，另外一些情景中是波。伽莫夫还专门造了 wavicle（wave + particle）这个词来命名新思想照耀下的粒子。Wave-particle duality 是典型的 naive

---

① 最好是写成 $p = \hbar k, E = \hbar \omega$。为什么？你懂的。
② 是这个闹剧性的物质波概念而不是光量子或者原子模型带来了量子力学的基本方程。每念及此，辄觉得物理世界自有其不可思议处。

dichotomy（幼稚的两分法）。波粒二象性的思想，以及互补性原理和不确定性原理，都源于哥本哈根学派，笔者大胆将它们统称为 Scandinavian naive philosophy in quantum mechanics（量子力学中的斯堪的纳维亚朴素哲学）。一些不能或不肯从数学的角度去理解量子力学的人对这些原理津津乐道从而欢天喜地地走入歧途。Dirac 认为连其始作俑者本人也因为沉迷于这种朴素哲学而不能有所成就。

五、波与粒子的象

Wave-particle duality 宣称所有的物质都既能表现出粒子性质（properties），又能表现出波的性质。汉译波粒二象性，估计是受了佛经的影响，给人印象是说物质有粒子和波两重表象，类似观音大士既有男身版的也有女身版的。Properties 也罢，象也罢，都不具体，在数学表述上粒和波到底指的是什么？

我们用 particle 指代很小的事物。象质子、中子、电子这些我们常挂在嘴边的粒子，到底大小如何，还真是一个基本的物理问题。因为当我们谈论一个粒子大小的时候，一定要说清楚那个大小是怎样以及通过什么手段定义的。比如，我们说电子的半径必须小于 2×10^{-20} m，因为只有这样才能解释高速正电子与电子碰撞不会弹回去这一事实。您看，这些很小的尺寸，因为没有更小的物体以其尺度作为单位，只是一些依靠理论得出的数字而已。更多的时候，粒子是被当作点（数学的点）来处理的。这就是物理学中四处可见 material point，point mass（质点），point charge（点电荷）之类概念的原因。一些所谓的理论灾难，就源于把粒子当作尺度为零而同时不负责任地使用距离 r 以及 $1/r^n$ 这样的作用势所导致的。这样的灾难，是物理理论的灾难而不是物质世界的灾难。用基本粒子说话要么只能在牺牲部分 particle 一字与物体关联的前提下进行，要么把这个字限制于一类具体的实验情景[2]。信哉此言！

波，wave，比 particle 所含科学内容也多不到哪里去。先前人们谈到波，不外乎 $\sin(kx-\omega t)$ 函数或者 $\exp[i(kx-\omega t)]$ 函数。至于用 $\mathrm{sech}^2(kx-\omega t)$ 函数描述的孤立波，知道的人就少了许多。凭 $\sin(kx-\omega t)$ 函数能解释光的双缝干涉出现明亮相间条纹还有人信，要说能再现光的双缝干涉斑图的各种特征估计有点玄。至于说晶体衍射斑点证明了电子是波，记住晶体和衍射斑点可都是实空间里我们能真切观察到的存在。理论上，晶体对电子的衍射等同于晶体的傅里叶变换。傅里叶变换若写成 $f(x) = \sum_{n=0} (a_n \cos nx + b_n \sin nx)$ 这样的形式，那没什么，出现的函数表面上都是实的。可要是用 $\exp[i(kx - \omega t)]$ 函数的形式作变换，就有个问题。$\exp[i(kx - \omega t)]$ 可是个复数，或者说是二元数。除了用 $\exp[i(kx - \omega t)]$ 完成晶体衍射的计算以外，人们还用这样的函数叠加得到实的波包来表示粒子，那么那不同分波的二元数身份，不该有个物理解释吗？如果说二元数表示的不同分波没有物理真实，它们线性叠加的实函数又有多少物理真实？

物质波到底是什么波，似乎还没有统一说法。David Bohm 认为物质波是导波（pilot wave），引导粒子运动的波。如果是这样，那物质波应该和水波一样，是实空间里的存在。而量子力学的波函数，是复数或者说是二元数，其模被解释成实空间里的粒子出现的几率密度，则未必有我们熟悉的水波形象。波函数里的波同德布罗意物质波的波，其物理图像和数学描述是一致的吗？

包括爱因斯坦在内的许多科学家并不接受波粒二象性的说法。近年有种观点认为，此前当作是分立个体的 particles 只是宇宙这个连续统的关联表现（correlated manifestation），二象性的思想应该被波（连续的场）的 monism 取代。Monism，一元论，这在道家的思想里早就有了。

六、不二智慧

一元论或许暗合东方的"大一"或者"不二"哲学观。《维摩诘经》有不二法门，超越一切分别之相，排除执着。道家意识到在二分思维模式下的世界里，任何事物都被我们的意识感知为有对立面的存在状态，而我们又使用对立的概念范畴来描述它，这显然未必能反映事物的本原。因此，道家强调"大一"，或者"不二"，告诫人们要摆脱机械的二分法，找到两极的契合点。老子的《道德经》里有许多表述如大巧若拙、大智若愚等，都是强调物极必反（extremities meet）的事实，有助于破除我们头脑中习惯性的二分思维，使我们能够明白"道"或者物理的不二性。太极图或可给我们一些朴素的启示（图5）：太极图不是黑白相间，而是非黑不白。

图5　太极图：非黑不白

七、如何兼美？

《红楼梦》中谜一般的人物秦可卿，字兼美，谓其风流袅娜如黛玉，鲜艳妩媚似宝钗。这样的 duality 相当有难度。一个微观物体，可以是波，也可以表现为粒子，于它自身倒没有什么为难处。但是，duality 的思想是缺乏可操作性的，这在对散射现象的处理上可见一斑。你可以看到关于粒子-粒子散射、波-粒子散射的数学处理，但是没有 wavicle-wavicle 散射的数学表述。在粒子散射问题中，计算时可能用波的概念，探测时却是一概当作单个粒子，但又把探测粒子所得到的条纹当作粒子是波的证据！愚以为，波粒二象性与其说是物质性质的两个侧面，不如说是物质性质的两个极端。虽然 γ 光子和无线电波都被看作是无线电波，γ 光子还是被当作粒子看待的，它的频率仅仅是个由 $\nu = E/h$ 计算得来的数值；而一段波长几百米的无线电波，好意思说它是粒子吗？当然了，即便光子是坚硬的粒子，无线电波是弥漫的波，而依着不二的观点，归于"大一"，也未尝不可。只是物理的"大道"，我们还远没有达到！

破除波粒二象性的执着，哲学家祭出一个 monism 或者把黑白分明的太极图愣说成是非黑不白就没事了。但是对物理学家来说，倘若手里的数学工具只是能处理点的运动和正弦函数的传播，怎么实现关于物质世界的 monism？虽然，我们明知道零维的点粒子带来很多困难，但弦和膜理论进展到现在，也未得到比点粒子语境下的物理更有效的物理。

R. A. Wilson 认为量子力学的许多悖论都是语义学上人为造成的 (semantic artifacts)，笔者深表赞同。常常是给定实验语境下物质的行为被说成是物质的本性，比方说屏幕上的明暗条纹（水波的形象）被诠释为光自身是波（物质波，波函数）。显然，这里的"波"字存在语义学上的歧义。有趣的是，牛顿认为光是由粒子（corpuscles）组成的，但是牛顿第一个用牛顿环测定了光的波长[3]。牛顿的光波长是光作为粒子束所表现出的行为。牛顿光波长中的"波"，同 wave-particle duality 中的波，不可等量齐观。

Wave-particle duality 这种遁辞的出现，表明我们还没能找到更有威力的描述自然的语言，离理解光以及其他粒子的本性我们还有很远很远的路要走。如果你非要问很远是多远，喔，光倒是提供了一个距离单位。

补缀

1. 由记录板上的明暗条纹(板是参与这个过程的,产生条纹的过程同样是量子的,详情未知),通过 sinusoidal 函数相加取模再现明暗条纹的部分性质,就认定入射的是波,这种论证方式是典型的 non sequitur(想当然)。
2. 梵语的涅槃,nirvana, nir-dva-n-dva,即自身寂灭后和宇宙合二为一从而得永生。其中的 dva,就是西文"二"的源头。二,意味着不确定,英文的 doubt, dubious(拉丁语为 dubius),德语的 zweifeln,都是建立在"二"基础上的"怀疑"。其实,中文的"有点二乎"也是怀疑的意思。
3. 曹植《洛神赋》有句云:"余情悦其淑美兮,心振荡而不怡。无良媒以接欢兮,托微波而通辞。"可入物理或者信息类教科书。
4. 波和粒子是相反的或者正交的概念吗?如果不是,谈什么波粒二象性?

参考文献

[1] 曹则贤. 物理学咬文嚼字 009:流动的物质世界与流体科学[J]. 物理,2008,37(3):203.

[2] Evans J, Thorndike A S. Quantum Mechanics at the Crossroads[M]. Springer,2007:81. 原文照录如下:Speaking in terms of elementary particles can only be done either at the cost of alleviating the corpuscularian connotation of the word particle, or by restricting the relevance of this word to a certain class of experimental situations.

[3] Arnol'd V A. Huygens and Barrow, Newton and Hooke[M]. Birkhäuser Verlag,1990.

之六十　自由与束缚

Give me liberty, or give me death. [①]
——Patrick Henry

摘要　Free 及与其相反的词如 forced，confined，constrained，coercive，binding，bonding，bound，等等，都出现在物理学概念中。自由不过是骨感的想象，束缚才是丰满的现实。

1793 年，法国巴黎大革命广场，39 岁的罗兰夫人（Marie-Jeanne Phlippon Roland）被押上了断头台。在生命的最后时刻，罗兰夫人在自由女神的塑像前跪下，喊出了千古名言：O Liberté, que de crimes on commet en ton nom（自由，多少罪恶假汝以行）！对于今天的人们来说，就象一切美好的概念都有聪明人借以作恶一样，假自由以行的罪恶并不特别令人惊讶。我在意的是，许多物理概念也是假自由之名而行于世的：自由能、自由焓、自由落体、自由作用量、自由度、渐近自由，等等。哪里来的这么多"自由"存在物，莫非这物理的世界一如

---

① 不自由，毋宁死。见于 Patrick Henry 1775 年号召美国民众开展独立战争的演讲。

盲目的人民,也需要自由女神的引导(图1)?

图1　油画《自由引导人民》(*La Liberté Guidant le Peuple*,Eugène Delacroix,1830)

自由,法语 liberté,英文照搬为 liberty。该词的拉丁语 liber,竟然和德语的 Leute(人们,people)是一个词,这是我没有想到的[①]。不过,这也就好理解为什么 liberal 有"大量的"意思了,如 a liberal reward(丰盛的回馈)。在英文物理文献中,以 liberty(liberal)形式出现的自由似乎罕见,基本上都是以 free(freedom)的形式出现的。Free,来自德语 frei,荷兰语形式为 vrij,按照字典的解释是 to be fond of, hold dear,就是欢喜、乐意的意思,有那种"有钱难买爷乐意"的感觉。

把 free 翻译成自由,对于 free-lance(free-lancer,汉译自由职业者)这样的词来说,是没问题的。手持一把投枪(lance)但没把自己卖给固定买家的人是自由的,故 free-lance 泛指没有固定买家的、靠本事吃饭的人——他有决定看谁的白眼的自由。在类似 free charge(免费),duty-free(免税)等词汇中,free 是 without 的意思,故 fragrance-free(不含香精),additive-free(不含添加剂)的法文对应就是 sans parfum, sans additifs。很多我们随意把 free 翻译成自由的地方,更确切的意思可能是后一种情形。

最先接触到的含 free 的物理概念是 free fall(法语为 chute libre),汉译"自由下落"或者"自由落体运动"。若从 free 的字面来理解,free fall 似乎是欢天喜地的堕落。物理上谈及 free fall,在牛顿力学语境中,指物体所受万有引

[①]　洋人的自由、民主是同源词。Democracy,民主,其中 demo = people,汉语的对应为"氓"。参见诗经"氓之蚩蚩,抱布贸丝"。

力是唯一的外力。地球表面上物体的 free fall，是受地球的吸引造成的，一点都不自由，说身不由己倒更确切。台湾有学者认为应把 free fall 译成"无碍降落"，有道理。不过，在广义相对论语境中，重力表现为时空曲率，所谓的 free fall 就是沿着测地线的运动而已，没有力可言。自由下落的物体感受到零重力。在日常词汇中，free fall 也指自然环境下无任何辅助的下落，如降落伞打开之前的跳伞者或者炸弹所作的运动(图2)。

图2　Free fall。无任何辅助或者阻碍的下落

Free 出现在 free electron，free action 等诸多物理学概念中，汉语基本上都是用"自由的"来对付的。如果我们稍微注意一下的话，会发现这里 free 应该是 without 的意思。对于一个体系，比如两个耦合的(coupled)标量场来说，free action 为 $S_0 = \int d^4 x \sum_{i=1}^{2} (\partial_\mu \varphi_i^* \partial_\mu \varphi_i - m^2 \varphi_i^* \varphi_i)$，所谓的 free 就是不包含它们之间的相互作用。加入相互作用项(就是凑出一个双方都有物理量参与的乘积项，如果量纲不对，就再添个系数，如此而已)后，就能描述它们的 coupling 了。

在 free particle 一词中，free 指粒子不受任何势场的约束，$V(r)=0$，如真空中的电子就被称为 free electron。但是，也不绝对。在 free electron laser 一词中的 free electron，它涉及的可是被加速到近光速的电子束，该电子束通过一个由磁极交替翻转的两组磁铁提供的周期性磁场，从而产生相干同步辐射。这里的 free，可能是说电子在磁场的两端是自由的。在金属的自由电子模型(free electron model)中的电子却是晶体里的价电子。价电子被当成是完全从离子实脱离的，因此是 unbound electrons。这些没被约束住的电子在晶体的周期势场中的运动就象是真空中的自由电子[①]，只是质量不同而已，故可将晶格的影响都纳入电子的有效质量中去。这里的 free electrons 是类比，实际上谈论的是 unbound electrons。

---

① 以个人有限的社会经验来看，有体制内的(晶体势场里的)自由，没有体制外的(真空中的)自由。

比较难理解的含 free 的概念是自由能（free energy），自由焓（free enthalpy）。Free energy 来自德语的 freie energie，相近的说法有 befreite energie（释放的能量），其中 befreit 是动词 befreien（解放、得自由）的完成时形式，比如 nukleare Energie ist die Energie, die durch die Zersetzung eines Atomkerns auf zwei Atome oder durch die Vereinigung zwei Atomkerne in ein neues Atom befreit wird（核能是通过原子核裂变或者聚变所释放出的能量），以及 die befreite Energie ist gleich der Differenz der Massen multipliziert mit dem Quadrat der Lichtgeschwindigkeit（释放的能量等于质量差乘上光速的平方）。Befreite Energie，这个词的直接英文翻译为 liberated energy（得了自由的能量），这种表述也常见，比如 liberated chemical energy（释放的化学能）。参照 befreite energie（释放的能量）的理解，freie energie（自由能）是指体系中可用来做功的部分能量[1]。等温条件下可用来做功的是 Helmholtz 自由能 F，等压条件下可用来做功的是自由焓 H，等温等压条件下可用来做功的是 Gibbs 自由能 G。它们和内能的关系表现为不同的 Legendre 变换[1]。注意，热力学势并非体系的力学意义下的能量，力学意义下的能量 ε_i 和 Helmholtz 自由能是通过下式连接起来的：

$$F = -\frac{1}{\beta} \ln \sum_i g_i e^{-\beta \varepsilon_i}$$

其中 $\beta = 1/(k_B T)$，g_i 是能级 ε_i 的简并度。

Free 对应的名词 freedom[2] 构成的词语 degree of freedom（自由度）是物理学的一个关键概念。其实 degree of freedom 是个日常词汇，应该如同其他表示程度的量一样是一定区间里的实数。Isaiah Berlin 论自由度的一段话，读来颇有教益："如果自由度是个欲望满足程度的函数的话，我消除欲望可以与满足欲望同样有效地提升自由。我可以让人们（包括我自己）放弃那些我无意满足的欲望从而得自由[3]。"[2] 但是，在物理学语境中，degree of freedom 是个正整数，是动力学系统在不破坏加于其上的约束的前提下独立运动方式的个数。Freedom 还出现在 asymptotic freedom（渐近自由）中，这是一个量子色动力学的概念，指粒子间的结合随着能量增加和距离减少而渐近减弱（asymptotically

---

① 有点象闲钱，是扣除日常必需的开销以后可自由支配的那部分钱财。
② 有些地方 freedom 竟然被演化为 freedamn，可叹。
③ 由此看来，放弃吃草的布里坦的驴拥有很高的自由度。

weaker）。渐近自由的概念是1973年提出的。其实,此前人们已经注意到场论中相互作用随着距离的减小会发散。由此有了朗道极点的概念,它定义了理论能描述的最小长度。不过,这个由发散逼出来的渐近自由似乎也没那么邪乎,大自然根本就不会犯$\lim_{r\to 0}\frac{1}{r}$这样的傻。那些看似穷横的存在,星球、螃蟹或者核子,坚硬的从来只是壳,内核深处则稀松得很(图3),愚以为这正是大自然避免无穷大的智慧!

图3　地球、螃蟹与中子的夸克模型。坚硬的从来不过是外壳而已

存在是通过相互作用相联系的,物理学是研究相互作用的学科,在物理学中谈论自由,至少跟自由的反面相比,显得底气不足。有很多与free (freedom)相反的词汇都出现在物理学中,如forced,constraint,confinement, coercion,binding,bond,等等。

Forced常见用在oscillator上。据说谐振子占据物理学75%的江山,受迫振动(forced oscillation, driven oscillation)自然也很风光。强迫振动的外力常常被表示成周期函数形式,则 $m\ddot{x} + b\dot{x} + kx = f_0\cos\omega t$ 就成了能描述光场下电子振荡的方程[①]。字面上与forced接近的有coercive。动词coerce, together + confine,强制、强加约束的意思。与该词相关的一个概念出现在电磁学中,即coercivity, coersive field,或者coercive force。对于一个铁磁性材料,将其从饱和磁化状态完全去磁所需的磁场强度 H_c 即为coercive field (矫顽场)或者coercive force(矫顽力)。同样的概念和描述可用于铁电材料。"矫顽"这个中文词很暴力,总让人想起暴躁老子管教倔强儿子的场景。

在free space里作着free motion,是多少人的梦想,但现实是我们只能living under constraint(在约束下生活)。经典力学的牛顿第二定律加上解微分方程,似乎已经可以包打天下了,可还是要发展拉格朗日力学去处理约束下

---

① 可以当真吗? 我一遍遍地问自己。

的运动。在拉格朗日力学中,粒子(系)的轨迹由拉格朗日方程的解得到。拉格朗日方程分两类:第一类处理显式表达的约束,通常用拉格朗日乘子法;第二类通过明智地选择广义坐标而把约束纳入到问题中去。每增加一个约束,体系的自由度就减少一个。把一块石头看成不同质点组成的刚体,则在运动中其上质点的构型不变,这就构成了对其运动的一个强约束。给定约束下的优化问题或者演化问题是具有普适性的问题。认定物质是由原子组成的,体系中原子的动能只能是单位量的整数倍,玻尔兹曼在1877年通过求给定粒子数和总能量这两个约束条件下发生频率最高的分布从而得到著名的玻尔兹曼分布公式 $\rho_i \propto e^{-\varepsilon_i/(k_B T)}$。许多学者把这项工作当作量子力学的开始,愚以为有道理。约束体系的路径积分和量子化问题从来都是难题,此处不论。

在谈论渐近自由的时候遇到的一个和 free 相反的词是 confine,名词形式为 confinement。Confinement,周朝的"画地为牢"可作一解,即约束到一个较小的空间里,汉译"限域"。如果要为纳米技术选择唯一的一个关键词,愚以为非 confinement effect(限域效应)莫属。在大块材料中全局运动的价电子会因为材料尺度变小到一定程度(小于德布罗意波长)而感觉不自在,此时限域效应就起作用了,材料就会表现出尺寸依赖的特殊性质。Confinement effect 同样也表现在人这样的大尺寸体系:当电梯门关上的时候,一对陌生的男女马上就因限域效应而局促不安。

与 free 相反的形容词还有 binding, bonding 和 bound。动词 bind, bond, bound 还有 band,都是绑定、约束到一起的意思。但是这几个词用法有微小差别。Bond energy,汉译"(化学)键能",是指将两个原子绑定到一起而余出来的能量(你需要同样多的能量才能把这个化学键打开),一般为 eV 量级;而 binding energy 则是指自由电子被束缚到原子的能级上而余出来的能量(你需要同样多的能量才能把这个电子从原子中击出),一般为几个到数千 eV。bound 是 bind 的过去分词形式,bound states,汉译"束缚态"。Bound 作为动词本身,其过去分词形式为 bounded,出现在数学中,意为"有界的",反义词为 unbounded(关于这几个词,以后再论)。

一般教科书中关于物理学的讲授是很有趣的:它从莫须有开始。力学上来就学牛顿第一定律,可这个世界上根本就没有匀速直线运动;电磁学从静电学开始,这个世界上也没有静电荷。这些看似简单的概念,是对现实抽象后的升华,是 ideal concepts。这些升华后的抽象概念或者图像被作为出发点教给初学者,有教育的策略在里面,但我总觉得有误人子弟之嫌。进一步地,在这个由相互作用联系的世界里,free particle 在 free space 中的 free motion,也只存在于物理学家的想象中。作为远离平衡态的存在,作为一种社会性的生物,人对自己生活的不自由状态之不满是再自然不过的事情。可能就是因为约束太多了些,自由也就成了人类极富感召力的口号。但严格来说,这个世界上根本没有自由,庄子的"泛若不系之舟"那般的自在,也就是在心里想想罢了。

补 缀

1. 英国戏剧大师萧伯纳有句名言:"自由意味着责任!"
2. 黑格尔哲学中有句云:Die Weltgeschichte ist der Fortschritt im Bewußtsein der Freiheit(一部世界史就是关于自由意识的进步史)。

参考文献

[1] 曹则贤.什么是焓?[J].物理,2012,41(9):610.
[2] Berlin I. Four Essays on Liberty[M]. Oxford University Press,1969.
原文如下:If degrees of freedom were a function of the satisfaction of desires, I could increase freedom as effectively by eliminating desires as by satisfying them; I could render men (including myself) free by conditioning them into losing the original desires which I have decided not to satisfy.

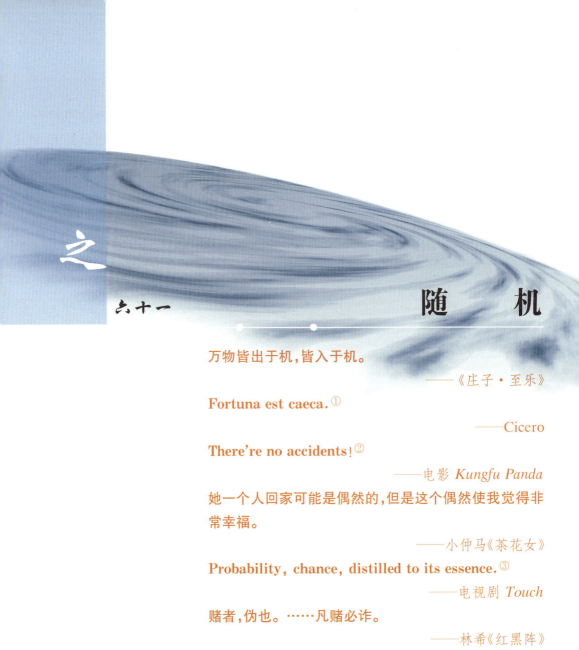

之六十一　随机

万物皆出于机,皆入于机。

——《庄子·至乐》

Fortuna est caeca.[①]

——Cicero

There're no accidents![②]

——电影 *Kungfu Panda*

她一个人回家可能是偶然的,但是这个偶然使我觉得非常幸福。

——小仲马《茶花女》

Probability, chance, distilled to its essence.[③]

——电视剧 *Touch*

赌者,伪也。……凡赌必诈。

——林希《红黑阵》

摘要　随机性问题在数学和物理学中有着举足轻重的地位。涉及偶然性和概率的词汇包括 probability, chance, possibility, randomness, stochastics, opportunity, haphazard, accidental, aleatory, casual, 等等,汉语表述难免混乱不堪。量子力学的 probabilistic nature 基于复几率幅的概念,与经典概率论有层次上的不同。

---

① 古罗马名家西塞罗的名言:"幸运女神是盲目的!"
② 《功夫熊猫》中的台词:没有意外。
③ 美剧《触摸未来》中的台词:概率,机会,(数据)蒸馏后的精华。

您肯定已经注意到了,数学和物理学中涉及随机性的场合,以及用到的词汇,实在太多。因此,本篇我破例选了六个格言题头,努力想传递浓缩在不同智慧中关于随机问题的内涵。

一、机、几、概

"机"字是个常见字。机,一种树名,似榆,有"春机杨柳"的说法。機(现简化为"机"),指木制的机关①,弓弩上的机括、机牙就是一些零件的名称。由这个意义上的"机"字带来的概念很多,如枢机、机械、机杼、机构、机会、机灵、机缘,等等。机的意思,和英文的 engine, mechanics 相近,所谓的"公输班为楚设机"(《战国策》)中的"设机",即设计制造机械的意思。物理中有 classical mechanics, statistical mechanics, quantum mechanics,这里的 mechanics 不是关于力的学问,而是关于这个世界 how it goes 的学问,因此讨论的是机制、机理。庄子的"万物皆出于机,皆入于机",可给各种 mechanics 作导论。

我们关切的"随机"这个词,不是很好理解。《陈书·徐世谱传》有句云:"……性机巧,谙解旧法,所造器械,并随机损益,妙思出入。"这里的随机损益,猜测是器械上有可调节的部件的意思。在"随机应变"这个词中,如果理解为依照情势予以应对的话,则"机"的本义就被稀释甚至忽略了,在"事贵应机,兵不厌诈""此心不动,随机而行"中也一样。"随机"一词被引入到数学和物理学中,被理解为"不确定的"、"无倾向的(unbiased)"或者"事前未予谋划的",其中文本义更没人提起了②。

"几"的意思是多少,如几何、几多等。但"几"字偏向于强调少,用于几乎、庶几、未几、几微、几希(见于"人之所以异于禽兽者几希")等词。"几"又引申为"可能性小",如《列子》中的"履虚乘风,其可几乎(那怎么可能呢)"。几率用来翻译 probability 一词已经摒弃了可能性小的意思,其取值在闭区间[0,1]上。

---

① 机关,原意是机械上的关键,老鼠夹子上就有。如今人们把一些工作场所称为机关,本义可能是强调其重要性。
② 有个关于随机问题的笑话,似乎道出了"随机"的本义。中原大战期间,中央军出动空军助战,西北军惊恐万状。冯玉祥为安定军心,便将部队集合起来训话。冯问众人:"空中飞机多还是乌鸦多?"众人答:"乌鸦多。"冯再问:"然则乌鸦拉屎时掉到你们头上没有?"众人异口同声:"没有。"冯:"所以嘛,飞机投弹时,能命中的机会就更少了,大家不必害怕。"次日空军来袭,大家均不躲避,结果伤亡惨重。炸弹是随着飞机落下的,但可真不是随机乱扔的!

与 Maxwell 分布有关的 most probable velocity 被译为最可几速度,所谓的最可几是指概率密度最大。

图 1　斗和概

"概",是刮平斗斛所用的木片(图1),笔者小时候还见过。往斗里倒入粮食,上面会冒尖,用"概"将尖抹平,这样每斗粮食的量才大概是相等的。会做生意的商人在卖出时会故意保留这个尖,以示慷慨,故有"无商不尖"的说法。"概"作为动词,有概平、概量、盈不求概等用法。若使用"大概",则显得不那么锱铢必较,概论、概略、概览、概括等词语中的"概"字都可作如是解。笔者猜测用"概率论"翻译 theory of probability,可能是因为中文"概"字描述了平均值附近小幅度涨落的情景——想象一下用概抹平的一只只盛满粮食的斗。《管子》中的"斗满人概,人满天概",估计是要传达自然不允许过分涨落的思想。

二、赌博

人类赌博的历史估计是比人类存在的历史还长。世间集心机与运气之大成者,唯赌博也。赌博有深刻的数学内涵,也深刻地影响了数学和物理。一个经典的赌具是骰子。骰子有六个面,走遍天下都一样,这是"世界是3D的"之最有力证明。有趣的是,骰子还有手性。为了研究骰子点数出现的不同,那位研究二次、三次代数方程解的意大利人 Girolamo Cardano 写了一本《骰戏书》(*Liber de Ludo Aleae*),此乃历史上的第一部关于随机性的著作。谈论随机性的一个形容词 aleatory,词源就是拉丁语骰子。等到有了扑克牌,事情就更复杂了。一副扑克牌,抽出一张为红桃六的可能性为 1/52,但是什么样的 13 张牌算是一副好牌,这就牵扯到针对特定规则的组合问题。扑克牌玩法涉及置换群,但所有的群和置换群都是同构的,不知道玩牌的人能否由此悟出群的表示?五次代数方程没有简单的解表示,其证明就着落在置换群上。是赌博技术的发展开启了现代统计学[1]。

如果赌博靠毫无偏向的随机性,就没人那么热衷于设赌局了。安分守己者,不得大富大贵。所谓"市井有小人,赌场皆君子",其实是对傻瓜赌徒的人品要求。

信此言者，当入十八层地狱。赌中先见数学，后见人心物理。通过赔率的数学设计以及对赌具的物理设计（比如非对称的骰子），设赌的稳赚不赔。它赌的就是骗局不破——输了的人，哪有心思学习概率论或者关注别人的障眼法呢。

三、命运与机遇

人类长期生活在对明天的不确定中，这恐怕是概率论、随机过程等理论的深层心理基础。早先的人们把一切归于命运、运气，希腊神话中有专职的幸运女神 Tyche，更为大家熟悉的则是罗马神话中的 *Fortuna*（图2）。Fortuna, she who brings，是我们的命运和未来的掌管者。人们把 Fortuna 当作幸运、好运的化身，但人们并不总是得到好运，于是 Fortuna 被表现为蒙着面纱的或者干脆是瞎眼的形象。进一步的，幸运女神还被指为是多疑的（Fortuna dubia）、善变的（Fortuna brevis），甚至是恶意的（Fortuna mala）。Fortuna 算是体现了概率论、博弈论、统计物理等学科的特征。

图2　油画 *Fortuna*（J. Bernard 画）。

Fortune 和 opportunity 都被随手翻译成"机会"。Opportunity，来自拉丁语 opportunus = at or before the port，汉语的"机会""机遇"不能表达其本义，应该是送上门的机会，有及时雨的感觉。把 opportunistic 译成"机会主义"也有问题，试体会 The opportunistic Romans saw their chance（善于把握机遇的罗马人看到了机会）！

四、Random and stochastic

谈论随机性的一个英文专业词是 random。Random, to run violently，即乱冲乱撞。一只装在瓶子里的苍蝇，其飞行就是 random 的，hither and thither（忽而朝这，忽而朝那），没有仔细的规划，要想飞出瓶口得靠运气（to take chance）[①]。西洋人说气体中的原子作随机运动（random swerve of the

---

[①] 随机性能救命。苍蝇乱飞，总有飞出瓶口的几率，或者总有飞出去的时候。Pólya 证明，在 2D 空间中一个醉汉从家中出发，随机行走，只要时间足够长，总会回家的。蜜蜂向光，认死理，会在瓶子里被困死。

atoms），估计也就是拿无头苍蝇的形象作比喻的。不过，也不要见到 random 就翻译成"随机"，象 come across a random thing（不经意遇到某事物），they are not random people（他们可不是一般的路人）这样的句子里，把 random 翻译成"随机"就不好理解。

关于科学研究，有个定律：你总是在犯了所有可能的错误后才得到正确的答案。有人管这叫梦游，也有人称之为 random walk[2]。Random walk，走哪算哪，正规的译法是随机行走，如今是物理学上常用的计算策略。据说这个概念是 1905 年引入的[3]。1912 年 Pólya 教授基于在屋后小树林散步的经历，发表了关于随机行走的经典研究。话说某天 Pólya 教授在林中散步，路遇一个他认识的学生和女朋友在亲热。Pólya 教授改变路线以规避之，未几又遇那对情侣，遂又改路径以规避，然后是又一次遭遇。如是数遭，这激起了 Pólya 教授的灵感：两个人从某点出发，随机行走，他们又相遇的几率是多少？经过一番思索，遂有了著名的 Pólya 关于随机行走的定律。随机行走模型现被用于各种统计物理问题的模拟中，其关键是随机数（random number）的产生。Random walk 又叫 drunkard walk[4]，一个醉汉可以很好地提供随机数的物理模拟——其他的随机数产生机制与醉汉在本质上估计差别也不大。

另一个被翻译成"随机"的专业词是 stochastic，如将 stochastic geometry[5] 译成"随机几何"①，stochastic integral 译成"随机积分"，stochastic process 译成"随机过程"，显然这和 random 相关的概念相混淆——random process[6] 也是被翻译成"随机过程"的。这种随意的翻译危害匪浅。Stochastic 来自希腊语 στόχος = target，目标。按照字典解释，stochastic 以猜测（目标）为前奏，of, pertaining to, or arising from chance; involving probability; random。用简单函数 $y = f(x)$ 来说，若变量 x 是 random 的，则函数值 y 是 stochastic 的。比如，根据掷骰子的结果来作决策，骰子出现的点是 random 的，根据骰子点数作出的决策在别人看来也是那么不着调（图3），是 stochastic 的。Random 强调的是自主行为，和 by chance 接近，而 stochastic 谈论的是目标。J. Doob 说他在写 *Stochastic Processes* 一书时，曾为了随机自变量是 random

---

① 设想有全同的球形颗粒随机地包裹在异质的母体材料中。取任意的剖面在扫描电镜下观察，会看到不同大小的圆。学过点 stochastic geometry 的人可能会很警觉，会联想到这可能是同一半径球形颗粒的投影。有些人可能就拿图像中圆的统计当成了样品中颗粒大小的统计。

variable 还是 chance variable 与合作者争执不下,最后用一个 stochastic procedure 来决定。什么样的 stochastic procedure 是"是""非"二值的呢?抛硬币——扔鞋也行。

图 3　油画《特修斯和皮瑞塞斯掷骰子争海伦》(*Theseus and Pirithous Playing Dice for Helen*,Odorico Politi,1831)。

五、Chance and probability

日常谈论随机的问题会用 chance 这个词。Chance 和 case 是同源词,原意是 to fall out,无来由地就发生了。Chance 的德语对应词是 Zufall,字面意思还是 to fall out,天上掉馅饼那样的掉法,其发生与否是由不得你决定或预测的。By chance,to leave things to chance,perchance (peradventure),反映的都是听天由命的态度。Chance 的用法比较怪异,如 Friday the thirteenth is no day to take unnecessary chance。Chance 可作动词,如 I chanced to see them,The information would come very slowly, as it might chance to fall from his thoughts (引自 *The Little Prince*),汉译可能还是要用副词"碰巧""时不时地就"来转译。此外,动词 enchance 意思是增强可能性,如 enchancing and intensifying certain occasions。

类似 chance 这样的涉及随机性的词还有 accidental, incidental, casual, hap, haphazard,等等。在"So, the pairing correlation that you discern…(in normal metal)… is accidental and easily destroyed by small disturbations (正常金属中看到的电子配对是 accidental 的,很容易被扰动破坏掉)"[7]一句中,accidental (偶发的、碰巧的)是强调"没有强的保证"。Haphazard 强调的则是不计后果的率意而为。H. B. G. Casimir 写过一本关于量子力学革命的书,书

名就叫 Haphazard Reality，我一时找不到恰当的译法。Chance 还和 opportunity 有关联。此外，象"Nevertheless, let me admit, fortuities and serendipities do sometimes come about（不过，我得承认，(物理中)出乎意料以及无心插柳之类的事情也时常出现。该句取自 Feigenbaum 的 *Computer generated physics* 一文)"中的 fortuity 和 serendipity 也有 by chance 的意思。

数学上的概率，西文用词为 probability，关于这个词的来源，参见《物理学咬文嚼字 029》。日常词汇中的 chance，probability 同数学的 probability 有根本的不同，前者会援引 the idea of human confidence，有主观的因素。关于概率，当前有四种解释：逻辑理论（logical theory = degree of rational belief）；主观理论（subjective theory = degree of belief，置信度）；频率理论（the frequency theory = the limiting frequency of a series）；倾向理论（the propensity theory = intrinsic propensity in a set of repeatable conditions）[8]。把后两种理论等价就是系综理论的基础：概率描述全同体系之系综的客观性质（Probabilities describe objective properties of ensembles of "identically prepared" systems）。在谈论放射性物质衰变时，比如中子衰变，我们选择的是倾向理论。当中子很多的时候，半衰期之类的概念可以由当前时刻中子数（a set of repeatable conditions）除以此前某时刻的粒子数来获得。关于概率，重要的是加法和乘法，所以有 the most important axioms are the conjunctive and disjunctive axioms of the addition and multiplication of probabilities（关于概率之和与积的合取公理和分离公理是最重要的公理）的说法。

日常用语中常混淆 possibility 和 probability。Possibility 是一种是与否，yes or no，0 与 1 的判断。Probability 是承认其 possibility 为 1 的基础上，研究体系的某种行为（结果）出现的几率，是[0,1]之间连续分布的一个量，其数学基础是 measure theory（测度论）。玻尔兹曼的伟大之处在于用经典概率的 improbability 解释了一些宏观现象，如气体只占据容器的一部分而不充满整个容器，的 impossibility。不要只从纯数学的观点谈论 probability。考虑到 probe 和 prove 同源，probability 亦不免有 provability 的成分——它包含物理的内容！

六、随机性的意义

十七世纪末到十九世纪末，物理学是决定论的世界。"……它（牛顿力学）

所描述的宇宙是一个其中所有事物都是精确地依据规律而发生着的宇宙，是一个细致而严密地组织起来的、其中全部未来事件都严格地取决于全部过去事件的宇宙。"[9] 为推翻这种观点出力最多的人包括玻尔兹曼和吉布斯。他们以更加彻底的方式把统计力学引入到物理学中。概率不仅对高度复杂的系统有效，而且对单个粒子同样有效。为此，吉布斯引入了系综的概念。N. Werner 甚至认为，二十世纪物理学的第一次大革命应该归功于吉布斯，而非 Einstein 或者 Planck。这个革命的影响是物理学不再去探讨那些总是会发生的事情，而是将以绝对优势的概率发生的事情。宇宙是一个 contingent universe（偶然性的宇宙）。Chance 不是作为物理学的工具，而是作为物理学的部分 fabric①，被人们接受了。注意，这种偶然性的观点是叠加于牛顿力学的基础上的。其实，麦克斯韦等人早就认识到大量粒子组成的世界应该要用统计的方法处理了，"…the true logic for this world is the calculus of Probabilities（这个世界真正的话语是关于概率的计算）"。后来，概率论迎来了测度论。测度论形成一种完整的理论，Lebesgue 积分应用于布朗运动的研究是数学物理的典范。

宇宙中既有随机性和偶然性，但也有模式和目的（a universe of randomness and chance and a universe of pattern and purpose），这恰恰是不同尺度上的表现。Randomness② and chance 出现在微观世界里（或者因为我们理解能力的不足，或者是因为其本质上就是 probabilistic 的），而 pattern and purpose 可能作为 emergent phenomenon③ 出现在我们的尺度之上。By chance（偶然的）and deterministic（决定性的），恰是统计物理和热力学之间的关系。中间没有悖论。Max Born 认为，因为没有观察是绝对正确的，所以 chance 的概念在科学活动之第一步就加进来了[10]。偶然性是比因果律更基础的概念，因为因果律是否成立要靠对观察结果使用 the laws of chance 才能判断。

概率研究 randomness 和 chance，随机性理论萌发自赌鬼的头脑中，但随

---

① Fabric，布、织物，引申为结构、构造。Brian Greene 的 *The Fabric of the Cosmos* 被译成《宇宙的构造》，原词的本义就没有了，我总觉得有点缺憾。
② 有人见到高斯分布就以为遇到了 random process。整数的 partition 完全是规则确定的，依然呈现高斯分布。
③ Emerge 是冒出来，evolve 是转着出来。evolution 被译成进化，emergent phenomenon 指那种在特定层次上冒出来的现象，目前尚未见合适的译法。

机性理论却是严格的、决定性的,它也要如几何、代数一样建立在公理的基础上[11]。那么,什么是 chance 呢? It is a notation which is difficult of justification, and even of definition; and yet… scientist cannot go on without it(那是一个非常难以做出合理解释甚至难以定义的一个概念;可是,唉,科学家离不了它)[12]。

七、经典概率与量子概率

麦克斯韦和玻尔兹曼关于气体动力学的工作,把经典概率引入了物理学。玻尔兹曼努力为热力学奠定统计的基础,他 1877 年关于气体粒子数随动能分布的推导(假设有能量单位,允许的能量值是能量单位的整数倍)甚至被看做是量子力学的发端。经典的随机过程要数可观察的布朗运动,由 Robert Brown 于 1827 年在观察液面上的花粉时发现。花粉,或者别的颗粒,受到液体分子的 random 碰撞,从而表现出无规运动,所以布朗运动在文献中也叫 pedesis(跳跃)。爱因斯坦和 Marian Smuluchowski 认识到布朗运动也许证实了物质是由原子、molecules(不是如今意义上的分子)组成的。在关于布朗运动的研究中,虽然原子的运动被当做随机事件处理,但人们相信它是遵从牛顿力学的,是决定性的(deterministic)。

有别于有意识地把液体、气体中的原子运动当做 random 事件,有些被当作偶然性的事件则完全是因为我们缺乏看出其中规则模式的能力。在对 logistic 方程有深入认识之前,其混沌状态的数据看起来就毫无模式可言。彗星的出现在经典力学能把握天体轨道之前也是被当成随机事件的。这样看来,什么是随机性事件,还取决于人们的知识水平。

谈论随机性事件的概率,就要求事件的频发。我们的先人发现了自然界中的一致性原理(principle of the uniformity of nature)——那些发生过的事件,在类似的条件下,会再次发生。自然界中的事件不是随机地发生的,而是遵循不变的模式[13]。可是,有许多物理学关切的事件,其可记录到的事件就很少很少。宇宙射线实验就依赖于偶尔才有的对新粒子的探测,其结果很难重复,而宇宙学(其研究对象)干脆就没有复本的可能性。人们在谈论这些领域的实验结果时会用 3-sigma confidence, 5-sigma confidence 的概念描述数据的分布,但似乎无补于数据不足或者(知识的)系统误差的问题(参见漫画

Precision is Not Accuracy，《物理学咬文嚼字 044》）。Confidence（信心、置信度），谁的 confidence？若这 confidence 是研究者本人的 confidence，那就难怪有 personalist Bayesian view（个体的贝叶斯观点）了。

个体的贝叶斯观点认为，一个人给一个单一事件赋予概率 p，乃是其对事件会发生之信心的量度。这样的事件概率不是事件的内禀性质，不同人会对同一事件赋予不同的概率值[14,15]。这说明，对事件概率的评估会用到信心（human confidence）之类的概念[16]。好在个体的贝叶斯观点多见于社会学领域，只有极少数"物理学家"在极少数的"物理领域"里是这样使用概率的[17]。

1924—1927 年那几年，似乎人人都在谈论量子力学的 probability（Otto Hahn 语）。不过，probability 在量子力学语境中有了全新的内容。薛定谔方程的解被玻恩诠释为几率幅，其模的平方是粒子空间分布的几率密度。其实，愚以为玻恩的几率幅诠释是一种必须而非选择。只要如薛定谔 1926 年确立的那样把量子力学等同于本征值问题，则系统的状态就是完备变量集之本征函数的叠加，这是一个复向量空间里的问题，向量间夹角满足 $\cos^2\theta = \frac{|x \cdot y|^2}{|x|^2 |y|^2} \in [0,1]$，$\cos^2\theta$ 就有了概率的意义。在海森堡 1925 年试图描述跃迁这个观测量的矩阵力学中，其关键公式是描述有中间过程时对应跃迁的观测量应满足的关系 $C(n,m) = \sum_k C(n,k)C(k,m)$，这是经典概率的内容。设若系统的本征态为 $|\varphi_i\rangle$，系统处于状态 $|\psi\rangle = \sum_i c_i |\varphi_i\rangle$，状态与某个本征态之间夹角为 θ_i，则有 $\cos^2\theta_i = |c_i|^2$。von Neumann 这样诠释 $|\psi\rangle = \sum_i c_i |\varphi_i\rangle$：对处于状态 $|\psi\rangle$ 的系统进行测量，系统会随机地坍缩（collapse）到某个状态 $|\varphi_i\rangle$ 上，测量结果为 $|\varphi_i\rangle$ 对应的本征值，该值出现的几率为 $|c_i|^2$。von Neumann 的量子坍缩是真正意义上的随机行为，因为真的没有原因或者过程。

关于波函数的概率诠释还成为了建立量子力学方程的判据。由爱因斯坦质能关系直接翻译（即把动量用微分算符替换）成的本征值问题的方程，其解有负几率和几率不守恒的问题，因此作为描述电子的相对论性量子力学方程，它被抛弃了。后来，Klein 和 Gordon 把这个方程捡起来，把它诠释成是描述光子的相对论性量子力学方程，这就是 Klein-Gordon 方程[18]。玻尔、Jordan 等人乐于接受量子力学的几率诠释。爱因斯坦对量子力学的几率诠释持某种保留意见，因此到处流传着他的名言"上帝不掷骰子（I will never believe that god plays dice with the universe）"（图4）。爱因斯坦的意思是，上帝不会崇尚偶然性和随机性，宇宙还得有它自己的按部就班的逻辑。狄拉克也不认为几率诠释是量子力学构造中内禀的东西，而应该是基于某种假设才导出来的结论。"概率不应该进入力学过程的最终描述；只当人们被赋予了包含概率的信息……他才会得到包含概率内容的结果。"[19]

图4　爱因斯坦：上帝掷骰子吗？

量子力学的几率特征，应该在复几率幅的概念基础上讨论。有许多所谓的用电子学或者光电子学器件证明量子行为的工作，可能混淆了几率与复几率幅的概念，Quantum Monte Carlo这样的计算方法也可能有这方面的隐忧。实际上，把三维空间中一些经典信号分布作为量子力学诠释的证实或证伪，中间的逻辑链可能是非常弱的。其实，概率论从一开始就受到"其到底是什么意思"这个问题的困扰[17]，有人认为如果有一天概率被正确地理解了，那些臭名昭著的量子力学悖论要么消失，要么变得不那么烦人。会这样吗？

近些年来，有人把stochastics也用于量子力学。设想小尺度上的时空其度规和拓扑都在涨落，涨落的平均效果产生了可用经典物理描述的大尺度时空和可用量子力学描述的非定域性的内容。有人还从stochastic最小作用量原理推导量子力学。这些工作让量子力学有了更多的随机性内涵，笔者不懂，此处不论。

八、隐变量

赌场里的玩艺儿给人一种输赢由不可知的运气所决定的感觉，这种感觉让许多人心里痒痒想试试发财的运气。其实它不是，一直有一只看不见的手在操控着。Casino的机械结构，押宝赌场中桌子底下的作宝人，都是主导性的力量，因此结果是决定性的，此乃Manin所说的hidden gambling。

经典随机过程的模拟需要产生随机数，不过任何算法或者物理过程产生的数值都很难说是随机的；确切地说，那只能是赝随机数。von Neumann就说过,一个人要是考虑用算术方法产生随机数,那肯定是蠢到家了[20]。一般的随机数如果用来作曲线的 Monte Carlo 方法积分,估计问题不大;对用随机数的临界现象计算之类的研究,大可不必当真。

上面的两段铺垫,是想说我们一般遇到的随机事件或过程,只是在我们不较真的情况下它才是 random 的。古希腊的留基伯就说每一件事情的发生都是有原因的、有必要的。逻辑学家 George Boole 说得更明白:probability 是信息不完备时的期待,一旦影响一事件发生的所有条件皆已确知,就没有 probability 立足之地了。中文说随机,字面本身也是说事情下面是有那个"机"的,那就更没有什么 random process 了。

所以,量子力学本质上就是 probabilistic 的理论的说法,让有些人难以接受。一些人,包括爱因斯坦、德布罗意和玻姆,认为量子力学是不完备的。如果为波函数引入一个隐变量(hidden variable; hidden parameter),量子力学也许也是决定性的而非几率性的。1964 年 John Bell 提出了著名的判定定域隐变量是否存在的贝尔不等式,据说 1982 年的实验证实了贝尔不等式不满足,也就是说量子力学的概率特征不是用存在隐变量能说明的[21]。不过,贝尔不等式本身就不能让人信服。至于实验本身,笔者一直强调,用三维空间中观察到的经典对象去证实或者证伪量子力学的论断,中间的逻辑链条可能是不够强的——想想从银原子束在非均匀磁场下分成分立的两束这样一个观测结果到引出电子的自旋概念,中间有多么漫长曲折的道路!何况,两点之间的来回路径一般来说是不同的——用实验去验证尚未完备构造好的理论,话就不能说得太满,因为在这个实验欲助产的理论充分发育之前,我们对这个实验的理解也可能是不充分的,甚至是不正确的。

认为真正的随机性根本不存在,这种心态是提出隐变量理论的心理基础。笔者倒是觉得,如同还原论(连同它的物质基础)这样的逻辑链条早晚要终结一样,因果律的逻辑链也有往下深入不下去的可能,因此必须接受在其终结处出现的新奇现象,比如无质量粒子和无原因的事件(无变量的函数),并为安慰自己而准备新的理论。或许经典世界里的因果律在量子力学层面就应该为复几率幅或者别的其他概念所替代,这中间的逻辑链条连同严格的数学表述恰是物理学家要努力的地方。

九、社会层面的几率问题

几率的现象下面是否有隐变量,在物理学上是个要探究的问题。而在社会学领域,一些偶然性事件下面一定有隐含的原因,但切不可追究。某学术机构成员选举,规定多少岁数以上的申请者须得六名已当选成员推荐才行。某老先生获得了六名已当选老友的推荐允诺,但正式投票时只获得一票。这一票折射出人世间许多的一言难尽。如果没有这一票,其所谓强烈推荐的老友确定无疑都放他鸽子了。老先生知道自己其实不在人家为私为公认可的候选人范围内,相遇时躲着走也就是了。问题是有这一票。虽然这一票可能还是其他人投的,但六个推荐人中的每一位原则上却都可以宣称是自己投的。结果是,老先生再见推荐允诺者时不得不恭敬如故,小心地避免提及那一票的几率问题。同样的几率问题还有一个互补的版本。当年某单位知识分子聚在一起选右派。大家僵持着不发言,都是礼仪之邦的知识分子,哪能明着伤害自己的同事、朋友?数小时后,某先生肾虚起身去厕所,回来后以差两票的结果高票当选,被送去劳改①。因为除了他自己不在场外还缺一票,肾虚先生也不得不把每个同事都当好朋友敬重如故。神奇的概率呀,救了多少人的面子。

十、结束语

西方人是很相信随机性的。西塞罗说:"Probability is the very guide of life(概然性是生活的引导者)。"Milton 更坚决:"在混沌的旁边是最高裁判官,chance,它统治一切(next him (chaos) high arbiter, chance governs all)[22]。"确实,在人这个层面上发生的事情,至少对人本身来说,充满着太多的偶然性。我们害怕不确定性,也正因为有对不确定未来的恐惧,我们总尝试安慰自己,告诉自己说:"人是其自身命运的缔造者(Homo faber suae quisque fortunae)。"其实,就算生活中充满了量子力学和经典力学意义上的一切不确定性,人总还要能动地营造属于自己的生活。我们是从混沌中演化出来的有组织的高等结构,有被偏置了的地方,有对一些涨落的超越能力。我们把概率和概率幅的概念引入物理学去描述世界,就凭这一点,人类就该为自己感到骄傲。

---

① 是什么样的社会环境和道德体系培养出了这样的知识分子呢?

补 缀

1. Perchance 用法一例。Max Born 在 *Physics in My Generation*（Pergamon Press，1956）一书中有句云：It seems a sheer impossibility to find a thread that will guide us along a definite path through these widely ramified doctrines that branch off perchance to recombine at other points（似乎不可能找到这样一条主线，来引导我们沿着一条有限的路径经过这些随机分叉，然后又在别的点上重新结合起来的广生枝杈的学问）。不知这句话能否消除一些人希望通过一条单调的路径就学会物理的幻想？
2. 你遭遇的所有情景，尤其是实验室里准备的情景，都是经过筛选了的，它们不可能是随机的。
3. Gapless state 的出现可能是由晶格对称性造成的 fundamental band degeneracy，如灰锡，也可能是由晶体势场取特殊值造成的 accidental band degeneracy，如 BiSe，PbZnTe 等。
4. 卜、赌同源，关乎术数。可是，算卦在中国那么盛行，怎么就没有发展出任何有用的数学呢？
5. 量子力学中的许多论证，如所谓的 gama-microscope，其实都混淆了概率和几率幅的概念。
6. 读到一段关于粘贴画的论述，照录如下：Employing the chance possibilities of the collage process, Young is able to find a visual means to convey the seemingly random ways disconnected events, places and things from the past, present and future attach themselves to each other, lending definition, if not always clarity, to our lives.
7. 俄罗斯科学院的数学家 Анатолий Фоменко（安那托利·福缅柯）的画作 *Random Processes in Probability*（概率中的随机过程）系列，震撼吗？此人乃真正的科学家也。

8. 马拉美1897年著有 *un coup de dés jamais n'abolira le hazard*（骰子一掷绝不会改变偶然）。这说法有意思。
9. 利用物理的过程实现随机选择非常靠不住。英国作曲家 Jeremiah Clarke 为情所困，决定用投硬币的方式在上吊和跳河两种自杀方式中作出选择，结果硬币竟然直挺挺地立在了泥里。Jeremiah Clarke 无奈地长叹一口气，然后开枪自杀。

参考文献

[1] David F N. Games, Gods & Gambling: A History of Probability and Statistical Ideas[M]. Dover Publications, 1998.

[2] Rothman T. Everything's Relative[M]. Wiley, 2003: xiii.

[3] Pearson K. The Problem of the Random Walk[J]. Nature, 1905, 72: 294.

[4] Mlodinow L. The Drunkard's Walk: How Randomness Rules Our Lives[M]. Vintage, 2009.

[5] Stoyan D, Kendall W S, Mecke J. Stochastic Geometry and Its Applications[M]. John Wiley & Sons, 1985.

[6] Rosenblatt M. Random Processes[M]. Springer, 1974.

[7] Vignale G. The Beautiful Invisible[M]. Oxford University Press, 2011: 286.

[8] Gillies D. Philosophical Theories of Probability[M]. Routledge, 2000.

[9] Werner N. The Human Use of Human Beings: Cybernetics and Society[M]. Da Capo Press, 1988.

[10] Born M. Natural Philosophy of Cause and Chance[M]. Oxford: Clarendon Press, 1948: 47.

[11] Kolmogorov A. Foundations of the Theory of Probability[M]. Chelsea, 1956.

[12] Poincaré H. Science and Method[M]. Thoemmes Press, 1996: 10.

[13] Jeans J. Physics and Philosophy[M]. Cambridge, 2009.

[14] Bernardo J M, Smith A F M. Bayesian Theory[M]. New York: Wiley,1994.
[15] Jeffrey R. Subjective Probability: The Real Thing[M]. New York: Cambridge University Press,2004.
[16] Manin Yu I. Mathematics as Metaphor[M]. American Mathematical Society,2007:19.
[17] Mermin N D. Quantum Mechanics: Fixing the Shifty Split[J]. Physics Today,July 2012:8-10.
[18] Pauli W. Writings on Physics and Philosophy[M]. Springer-Verlag,1994.
[19] Kraph H S. Dirac: A Scientific Biography[M]. Cambridge University Press,1990.
[20] MacHale D. Conic Sections[M]. Dublin,1993.
[21] Aspect A, Grangier P, Roger G. Experimental Realization of Einstein-Podolsky-Rosen-Bohm Gedankenexperiment: A New Violation of Bell's Inequalities[J]. Phys. Rev. Lett. ,1982,49: 91.
[22] Milton J. Paradise Lost, I .

六十二 注入灵性与赋予血肉

> You are a little soul carrying around a corpse!①
> ——Epictetus

> 无物结同心,烟花不堪剪。
> ——[唐]李贺《苏小小墓》

摘要 Inspire, enthuse, enliven, embody, incarnate, flesh out 这些涉及注入灵性或赋予血肉的动词在略显哲学或者文学味的物理文献中常见。灵与肉的相互找寻与结合,也是物理学的发展脉线之一。

小时候听老人拉闲呱,现在还清楚记得的一段是关于人的起源问题。据说,人是老天爷用泥巴捏的,捏好了人形坯子以后,就放在阳光下晾晒。等泥坯子晾干了以后就到了关键一步,老天爷会对着每个泥坯子吹一口气,于是泥坯子就变成了活蹦乱跳的小人儿。这中间如果遇到刮风下雨,老天爷会用扫帚把泥坯子都给扫到草棚子底下躲雨。当然,扫帚难免会带来一些损伤,这就是人们会有些残疾的原因。这可算是一个水平相当高的物理模型,至少比许多宇宙学模型要靠谱得多。

---

① 你是一个扛着肉体游荡的卑微灵魂。罗马斯多葛学派哲学家 Epictetus 如是说。

西亚传说中的上帝造人,基本工序也差不多。上帝用泥土创造了一个人形,然后向泥坯子的鼻子里吹了口气赋予其生命(breathed into his nostrils the breath of life, and man became a living being)。西方的上帝只创造了一个泥坯子。一位男性,希伯来语发音为 aw-dawn,结果就讹传成了该男子的名字 Adam。在米开朗基罗创作的油画《创造亚当》(图 1)中,上帝是用自己的右手食指碰触亚当的左手拇指把生命气息传送过去的,有点类似开关一合电灯就亮了的那般神奇。这个对赋予生命过程的小改动很有必要。若是画成上帝嘴对着亚当的鼻孔吹气,实在有点缺乏美感。西方宗教真的很宽容,如果你诚心美化它,篡改原文都是可以的。

图 1 创造亚当(*The Creation of Adam*, by Michelangelo Buonarroti, ~1511)

(往鼻子里)吹气,西文动词为 inspire,该动词有赋予生命(infuse with life)、被神灵或者超自然力附体、吸气等意思,名词形式为 inspiration。一般英汉字典把 inspiration 只解释为灵感太过简略了些。赋予生命还可以用 imbue with life,如 Leonardo felt that one could not imbue picture with life until one could understand how nature does it(达芬奇觉得人们只有理解了自然是如何产生生命的,才能够赋予画作以生命①)[1]。表达赋予生命的意思还可以直接用 enliven,如 includes anecdotes to enliven the technical details(加点逸闻趣事令技术性细节显得栩栩如生)。若单论神灵附体,英文动词为 enthuse,其形容词形式 enthusiastic 大家都熟悉,可惜一般的英汉字典都用"热情的"随便凑合而置其原意于不顾。Enthuse, 即 in + theos, 就是神进入身体了,所以人

---

① 大师说得真好。大师之所以是大师,是因为他自己思考、自己实践。大师不去追问别人为什么成不了大师。

会格外地热情以至于狂热。如果是鬼附体，英文的说法是 evil incarnated，这引入了一个灵异（spirit）进入肉体（caro）的问题，即 incarnation。

很久以前人们就有了肉体和灵魂这两个相分离的概念。灵魂可以出窍，游离在肉体之外客观地看着那个它借以存身的肉皮囊——如果你在意识还算清楚时听到了自己的呼噜声，你就会得到"一个虚拟的你在审视那个打呼噜的你"的诡异景象。以为存在可分离的肉体与灵魂，与以为存在可分离的物理现实与物理定律，说不上来哪个想法更朴素。往泥坯子上吹口仙气，类似给丑陋的物理现实赋予抽象的、数学的、唯美的物理定律，则现实在物理学家的眼里就变得鲜活起来。反过来，理论、模型、公式、思想等也要寻找现实的载体，就象是荒野中被放生的游魂渴望着早点实现 embodiment。《大设计》[2]一书中讨论的一个关键问题是物理定律的起源。开普勒、伽利略、笛卡尔、牛顿这些物理学的先驱们认为物理定律是上帝的杰作。但是，这本质上不过是把上帝定义为自然定律的具象（embodiment of the laws of nature）而已。Embodiment，动词形式为 embody，就是附体、具象、有肉身的意思，如 embodiment of value（价值的体现），embodiment of image（形象的化身）。在关于物质进入黑洞后其所承载的信息哪儿去了的讨论中，存在所谓的信息悖论的说法。一方面，关于亚原子的海量信息不可能由光子承载，所以需要电子、夸克之类的粒子。但是，黑洞辐射中又没有足够多的这类粒子来 embody all the information（体现所有这些信息），因为来自黑洞的大部分热能是以光子的形式发出的[3]。这段关于黑洞蒸发、黑洞信息悖论的描述让人丈二和尚摸不着头脑，其关键就在于黑洞蒸发、黑洞信息（?）之类的想法本身缺乏 embodiment。擅长思维天马行空的人可能对 embodiment of physical ideas or physical laws（物理思想与物理定律之体现）不屑一顾，但可能遭遇走上歪路的危险。实际上，关于黑洞的猜测从一开始就有思维的盲区。一个星体可能会密度大到其表面上一个粒子哪怕速度达到光速也不能逃逸，但问题是这里说的是引力（gravity），是说一个有质量的粒子因为和星体之间的引力太强而不能逃逸。光子是电磁场的量子，它又不参与引力相互作用①，与星体的密度何干？经典力学语境中黑洞概念的提出，看来是误打误撞的结果。

赋予血肉的一个庸俗点的说法是 flesh out。中文写作课上要求的把文章

---

① 或者说物理学家们还没构造好光子如何参与引力相互作用的理论。

写得有血有肉，就是 flesh out 要表达的意思。To flesh out a theory，意思要给理论增加细节，在文字描述之外添加数据等。例句随手可见，如 subtle effects that could hint at new physics — and flesh out the Standard Model（能够暗示一些新物理、让标准模型更加有血有肉的微妙效应），a nucleonic shell model skeleton is fleshed out with mesonic exchanges and isobaric excitations（添加了介子交换和等重子数激发的（因而更加有血有肉的）核子壳层模型框架），等等。

赋予肉身的另一个说法是 incarnation，来自 in + caro（肉体），就是"有人形(in human form)"的意思。显然，借尸还魂算是 incarnation。历史上，鬼神不过都是人类自身属性的投影，是人类自身恐惧与希望的化身。人不同，各自的恐惧与追求也不同，于是有了不同的鬼神世界，但鬼神都是人形。Incarnation 的一个解释为 to put an abstract concept into concrete form（把一个抽象的概念置入一个具体的形式）。我个人理解，这个具体的形式既可以是物理的，也可以是纯数学的。一部分物理学研究工作可以理解为 incarnation 的过程。困扰物理学家的一个现象是光子的产生和湮灭。光是哪儿来的，又去了哪里？等到发现了正电子，正负电子对湮灭成一对或者更多个光子，则产生和湮灭就成了必须纳入物理学描述的过程。关于产生和湮灭概念的 incarnation，人们在把玩谐振子的数学描述时得到了灵感（inspiration）。谐振子的哈密顿量形式为 $H = \frac{1}{2}(p^2 + x^2)$，如要把它写成乘积的形式，则需要先写成 $H = \frac{1}{2}(\tilde{p}p + xx)$ 的形式，其中 $p = i\partial/\partial x$，$\tilde{p} = -i\partial/\partial x$，则进一步地有 $H = a^+ a + \frac{1}{2}$，其中 $a = (i\partial/\partial x + x)/\sqrt{2}$，$a^+ = (-i\partial/\partial x + x)/\sqrt{2}$。$a^+ a$ 乘积是无量纲量，可理解为粒子数，则 a 和 a^+ 分别为湮灭算符和产生算符。这个 incarnation 方案之所以毫无争议地就被接受了，还在于这个过程得出了一个常数 1/2，它被诠释为谐振子的零点能。零点能的概念是为解释液氢比热的实验结果引入的——这个为解释实验结果而引入的概念在谐振子的量子表述中找到了它的 incarnation。从谐振子模型得到一对算符描述现实中早就注意到的粒子产生和湮灭过程，可以说是物理学中为肉体注入灵魂和为灵魂赋予血肉这套把戏的典范。狄拉克后来大胆地把 $p^2 + x^2$ 这样的平方和改造成完全平方形式 $(Ap + Bx)^2$，从而得到相对论量子力学方程。在看明白这个工作的时候，量子力学给我的感觉就是一个泥坯子，是那些大匠们的气息赋予其生命（it became a living being with breathes from those maestros)。当然了,以为这样的摆弄算符就真的描述了物理世界,那也太过天真了些。You create a photon and then destroy it, or the inverse(你产生一个光子然后再毁灭掉它,或者反过来)。Kerson Huang 先生说:…that doesn't sounds like serious business(这听起来不象是正经买卖)。

物理学的发展过程中,为肉体注入灵魂和为灵魂赋予血肉这样的事情反复发生过。当然,实现物理学之灵与肉的完美结合任重道远,更多的关于物理学的知识还是处在"魂不附体"的境界。在我们学习和教授物理学时如果能从这个角度着眼,关注一下一个问题中什么是其灵魂(spirit),什么是其肉体(corpse),也许有助于领会其间物理学创造者们的大智慧。老实说,一般量子力学书本给我的印象是,作者在把 $H = \frac{1}{2}(p^2 + x^2)$ 改写成 $H = a^+ a + \frac{1}{2}$ 形式的时候并不知道他在干什么。一些使用了大量繁复的不严谨、不完备数学的物理理论或模型,在完成 incarnation 或者找到一个泥坯子去 inspiring a breath 之前,恐怕很难被认可。这也正是物理学严肃的一面。

补 缀

1. 对于 Legendre 函数(关于 $\cos\theta$ 的二阶微分方程的解),可定义升算符 $L^+ = -(1-x^2)\frac{d}{dx} + lx$,$L^+ P_{l-1}(x) = l P_l(x)$ 和降算符 $L = (1-x^2)\frac{d}{dx} + lx$,$L P_l(x) = l P_{l-1}(x)$。$L^+, L$ 和 a^+, a 有异曲同工之妙。其实,这也不奇怪,对于二阶微分方程,写成两个一阶微分算符的乘积形式应该是可能的。在本征值为整数的本征值问题中,可能都可以对本征函数定义这样的升、降算符。所谓的产生算符和湮灭算符,只是把整数的本征值理解为量子的整数倍时的特殊情况而已。

参考文献

[1] Ball P. Flow[M]. Oxford University Press, 2011.
[2] Hawking S, Mlodinow L. The Grand Design[M]. Bantam, 2012.
[3] Davies P. Betting on Black Holes[J]. Nature, 2008, 454: 579.

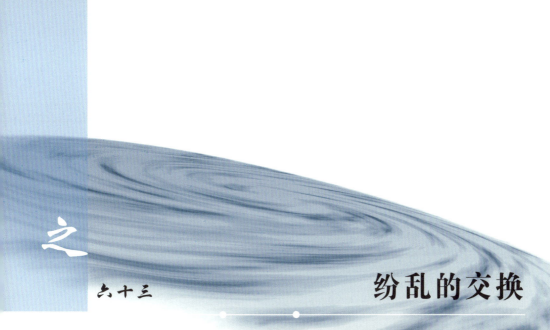

之六十三 纷乱的交换

> 投我以木桃，报之以琼瑶……
> ——《诗经·卫风·木瓜》
>
> 换我心，为你心，始知相忆深。
> ——[宋]顾敻《诉衷情》

摘要 Commute，permute，interchange，exchange 都是与交换有关的重要数学物理概念。实数的加法、乘法也强调交换律，interchanging 全同粒子变量得到的能量积分成了 exchange term，随处可见的交换作用机制，其背后皆有深意。

引子

Wiki 关于 Lie algebra 的词条，让人忍俊不禁。其开头一句是这样写的：In mathematics，Lie algebras (/ˈliː/, not /ˈlaɪ/) are algebraic structures…（在数学中，李代数是指这样的代数结构……）。注意看括号里的音标多么奇怪，这是提醒读者别把北欧的 Lie(李)姓当成英文给读成"辣姨"了。且不说把所有看似英文字母写成的字都当成英文是否合适，就是英文本身，其不靠谱就由来有之，不可不察。初学英文者常常对 lie，light 的两个不搭边的意思感到迷惑不解。其实，lie 作为撒谎的意思来自德语的 lügen，作为躺着、放置的意思来自德语的 legen；light 作为光的意思来自德语的 Licht，作为轻的、容易的意思来自德语的 leicht。因为看起来差不多，引进过程中就给弄混了。这种语言变迁路径，想来真让人无语①。英语这种不太精致的语言后来成了世界的主导性语言，当然是借着热力学带来的船坚炮利，凸显了粗暴才是硬道理的道理。英语如今是物理学的主要载体，理解、传播物理时，尤其是如果依据的是英语翻译成的汉语文本时，注意对一些字词仔细加以辨析，还是非常必要的。

古希腊人早就有了万物皆流（Πάντα ῥεῖ）的思想，这告诉我们这个宇宙的主题就是变化，因此自然科学的主题也必定是各种变化。变化的问题当然千变万化，而各种语言可能会为不同的变化准备了不同的词汇。汉译西语文献中各种表达变化的词汇该是怎样的挑战，当我对这个问题略加思考的时候就被吓了一跳。变化出现的语境以及伪装的形式太多了，而翻译的时候我们似乎未对相关问题给予足够的重视。比如，transformation，词干是拉丁语动词 formare，虽然也有地方将之翻译成"变形（变型）"，但是在数学物理中一般还是将之翻译成"变换"。我觉得，如果我们是从 trans + formare 来理解 transformation 所代表的数学变换的意思的话，我们可能早就会在潜意识里植入代数与几何统一的思想，而无须有人专门再告诉我们这一点了。

Change 是个表示变化的日常英文词，由 change 衍生出的动词，如 interchange 和 exchange，都被译成交换。不过，被汉译成交换的还包括 commute，permute 等词。这几个词都联系着非常重要的数学物理概念。说汉语自然科学文献中不加剖分的"交换"概念四处乱飞也不为过。

交换律

第一个含交换的科学概念可能就是交换律。上小学的时候，算术书上说加法和乘法满足交换律，就是 $1+2=2+1$，$2\times3=3\times2$。俺是真不明白了，这数

---

① 这种移植时发生的不靠谱在将希腊语写成拉丁语时曾大量出现。一个可能的原因是希腊语自己演化的时候就因为那块土地上缺乏主导性的势力而显得无所适从。今日西欧语言里的一些不易解释的字词，如语法概念宾格是 accusative，都是这样以讹传讹造成的。类似地，中文也有鲁鱼亥豕的问题。

学定律也太简单了吧——不是说数学家是聪明人吗①？等到上大学了，知道这交换律的英文是 commutative law。动词 commute，来自拉丁语 mutare，就是英文的 change，比如 Jacob Bernoulli 的名言 eadem mutata resurgo② 中的 mutata 就是这个词。所谓的 commutative，就是调换一下顺序，结果不变。规范一些的定义是这么说的：A binary operation is commutative if changing the order of the operands does not change the result（一个二元运算，如果改变运算对象的顺序但结果不变，则称该运算是可交换的）。

Commutative 有案可查的首次使用是在 1814 年，出现在 François Servois 的一篇法文文章中（图 1）。注意，引入 commutative 一词是在谈论函数而非简单的数的性质。在原文中，作者的用词是 commutatives entre elles，即 commutative between them，似乎是强调这两个函数的本性而不是把它们联系在一起的那个操作的性质。尽管整数乘法可能始于远古时代，但谈论关于数的乘法要满足 commutative law，则要等到 1844 年。1843 年，伟大的哈密顿（Rowan Hamilton）引入了四元数 $Q = a + bi + cj + dk$ 来描述电磁学③，其中的 (i, j, k) 是对 $z = a + bi$ 中的 i 的推广，$i^2 = j^2 = k^2 = ijk = -1$。哈密顿把这项发现告诉了他的朋友 J. T. Graves，而 Graves 很快就构造出了八元数（octonion），但是却无法引入十六元数。好了，我们有一元数（普通的实数），二元数（复数），四元数，八元数，怎么不能进一步地引入十六元数呢？哈密顿仔细考虑了这个问题，由此注意到了加法和乘法的 commutative law 和 associative law（结合律）的问题。结合律是说 $(1+2)+3 = 1+(2+3)$，$(2\times 3)\times 4 = 2\times(3\times 4)$。哈密顿发现一元数满足交换律与结合律，二元数还满足交换律与结合律，四元数满足结合律但是不满足交换律，因为对于四元数 $Q = a + bi + cj + dk$，有 $ij = -ji$。而八元数连结合律也必须放弃，即一般不存在 $A \cdot BC = AB \cdot C = $

---

① Mathematics 当然不是数学，数的学问只是 mathematics 很小很小的一部分。Mathematician 是好学的人，多面高手叫 polymath。象 Thomas Young, Henri Poincaré, Erwin Schrödinger, John von Neumann, Roger Penrose 这号的物理学家都是 polymath，而象爱因斯坦这样的物理学家其学识算是比较单一的。材质不同，无关成就大小。
② 意思是"尽管不停变化，我还是挺立如常"。这句话本来是描述对数螺线的性质的，后来被刻在了 Jacob Bernoulli 的墓碑上。
③ Josiah Willard Gibbs 引入矢量叉乘描述电磁学，其危害应该有人讨论了。一个明显的问题是，磁感应强度 B 同电场强度 E 不是同一类数学对象，而这个应该作为常识的内容许多物理学家却未必知晓。磁单极的概念就是建立在对磁感应强度 B 的错误理解上的。容另议。

ABC 这样的关系[1]。可见，数能满足什么样的性质是和其结构相关的，谈论数的时候会把交换律、结合律写入这些数所应(能)遵从的规则里面。注意，有趣的是，是在发展更复杂结构的数的过程中眼看着结合律和交换律逐步丧失，人们①才认识到其存在的。仔细想一想，有多少事物是在失去的时候人们才注意到其存在的呢。

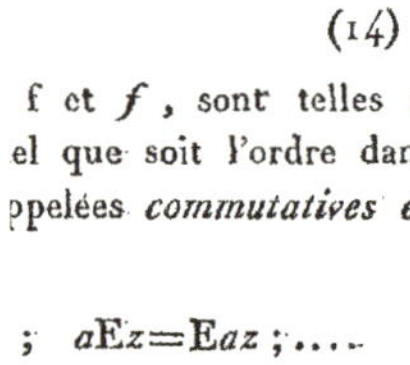
(14)
f et *f*, sont telles qu'elles donnent
el que soit l'ordre dans lequel on les
ppelées *commutatives entre elles*.

; *a*E*z*=E*az* ; ....

图 1　1814 年的一篇法文数学论文中首次出现 commutative 一词

四元数中出现的非交换(non-commutative)性质不是普遍性的 $AB \neq BA$，而是特殊的 $ij=-ji$。这种 $AB=-BA$ 的非交换性被称为 anti-commutative (反交换的)。具有反交换性的操作或者操作对象有很多，前者有矢量的外积(exterior product 或者 wedge product)，满足 $\vec{u} \wedge \vec{v} = -\vec{v} \wedge \vec{u}$；后者有 Grassmann 数，满足 $\theta_1\theta_2 = -\theta_2\theta_1$。由反交换性显然有 $\vec{u} \wedge \vec{u} = 0$，$\theta\theta = 0$，因此象矢量外积或者 Grassmann 数乘积这样的积表示都必然是 alternating 的，即同一对象只出现一次。比如三矢量的外积②

$$\vec{u} \wedge \vec{v} \wedge \vec{w} = (u_1 v_2 w_3 + u_2 v_3 w_1 + u_3 v_1 w_2 - u_1 v_3 w_2 - u_2 v_1 w_3 - u_3 v_2 w_1) e_1 \wedge e_2 \wedge e_3$$

注意变量指标 1,2,3 在右侧系数的每一项中都只出现一次。Alternating 或者 alternative，汉译为交错、交替。Alternative algebra，汉译为交错代数，指满足一类弱结合律的代数。八元数运算就属于交错代数，乘法满足 $A(BB)=(AB)B$，$A(AB)=(AA)B$。下文我们会看到，alternative 也是理解 exchange interaction 的关键。

---

① 其实就是哈密顿一人。就科学而言，个人倾向英雄史观。

② 这其实就是由三个矢量张成的平行六面体的体积，或者由这三个矢量之分量构成的矩阵的矩阵值(determinant)。

对易与置换

在物理文献中 commutate 被译成对易，表述非对易性除了用 non-commutative 外还有 non-commuting。对易性和共轭（conjugation）有关，若存在对易关系 $pq = qp$，显然有 $p = qpq^{-1}$，这后者就是群论中提及的共轭关系。共轭和对易性在物理学中都占据着举足轻重的地位，弄懂这些概念会让学习物理学多一点从容。

可交换的（对易的）与不可交换的（非对易的）操作或对象在自然界中应该都是很普遍的。早晨要起床时先睁左眼然后睁右眼与先睁右眼然后睁左眼，效果都一样；评论人时说"长成这样还穿成那样"与"长成那样还穿成这样"，估计意思也差不多。这是可交换的事例。但是，起床后先穿袜子后穿鞋还是先穿鞋后穿袜子，或者救助饥饿者时先给稀饭后给馒头还是先给馒头后给稀饭，效果就大相径庭了。这是非对易的事例。笔者开始修习量子力学时总觉得书本中有强调非对易性是多么不同寻常的印象，应该是知识准备不足造成的。当然，非对易性应该比可交换性包容更多的内涵，量子力学强调非对易算符（non-commuting operators）或者算符的非对易性属于应有之意。若两个对象 A, B，根据某种定义的乘法，是非对易的，即 $AB \neq BA$，那么这个代数，或者针对这个代数我们能编的物理故事，应该藏在 $AB - BA$ 中。$AB - BA$，也写成 $[A, B]$，英文名为 commutator，汉译"对易子"或"交换子"。由算符的非对易性，量子力学敷衍出了很多故事，如从 $[x, p] = i\hbar$ 得出了不确定性原理，并进一步地被编排为"量子力学原理表明不可能同时精确地测量一个粒子的动能和位置"，好象经典力学里就能"同时、精确地测量一个粒子的动能和位置"似的。为什么算符乘积对波函数的作用就等价于对一个量子系统接连进行的两次测量？恐怕事情没有这么简单。物理世界的真实规则，哪里是物理学家随口一说就能给定了的。注意，对易子（commutator）$[A, B] = AB - BA$ 是为了衡量一对非对易算符偏离对易有多远，类似地可定义反对易子（anticommutator），$\{A, B\} = AB + BA$，来衡量对反对易关系的偏离。Grassmann 数是对反对易算符的经典类比。

在前述三矢量的外积表示中，六个系数项里的下标都是 1，2，3 的某种置换（permutation，有时也写为 cyclic permutation）。Permutation，per + mute，意思是 to change thoroughly（全变一遍）。对于组合 (1, 2, 3)，如果对所有位置上的数字都变一遍,结果为(2, 3, 1),(3, 1, 2),(1, 3, 2),(2, 1, 3)和(3, 2, 1),即三对象的 permutation 共有六种可能。显然,permutation 满足群的所有定义,所以有 permutation group(置换群)的概念。置换(permute)与对易/交换(commute)同源,且两者常常出现在一起,比如角动量的对易关系,$[J_i, J_j] = i\hbar \varepsilon_{ijk} J_k$,其中的 Levi-Civita 符号 ε_{ijk} 就涉及 i, j, k 的 permutation。

交换作用

交换作用在物理学中是一个至关重要的概念,不过它涉及两个英文词:interchange 和 exchange。英语动词 change,来自法语的 changer,本来就有换、交换的意思,如 changer la place avec qqn(和某人换个座)。所谓的 interchange 和 exchange,前者的前缀为 inter(内),后者的前缀为 ex(外,朝外),两者的英文用法本来就有些含混,汉语干脆都给翻译成了交换。于是,在汉语物理文献中"交换"满天飞,至于怎么个交换法则不甚了了。

先说 interchange,其意思之一是换位。在 interchange station(换乘站)等日常词语中就是这个意思。前述的加法、乘法交换律涉及的就是运算对象的互换(interchange)。所谓的 permutation 可看成是多次 interchange 对象位置的结果。定义带方向的面积为 $A(u, w) = u \wedge w$,则有 $A(u, w) = -A(w, u)$,因为矢量 u 和 w 角色互换导致平行四边形的取向反转(since interchanging the roles of u and w reverses the orientation of the parallelogram)。

Exchange,我总觉得涉及一个以上的外在对象,且外在对象或许才是主体。She exchanged a few sentences with the man,就涉及一个女人一个男人和几句话。"投之以桃,报之以李",除了两个人之外,还有桃李。"我那么卑微,我愿意拿看到世界上头号美女(这等好事)去交换一睹您的芳姿(I am so low that I would exchange the greatest sight of beauty in the world for the sight of your figure)。"[2] 这是文学里的 exchange。"如同参与电磁相互作用的粒子交换光子,参与强相互作用的粒子交换胶子。交换胶子导致夸克的色而不是味发生改变(Particles that interact through the strong force exchange gluons, much as particles involved in electromagnetic interactions exchange photons. Quark color, but not flavor, is changed by the exchange of gluons)。"这是科学文献里的 exchange。

用中文修习物理者可能脑瓜里装满了交换作用、交换能、交换积分等概念，估计不会注意到"交换（interchange）两个粒子位置"与"交换积分（exchange integral）"里的"交换"对应的是不同英文词。交换作用是一个从量子力学习题进而走入原子核物理和固体物理（尤其是磁学）的重要概念，弄清这个思想过程中 interchange 和 exchange 的正确用法可能有助于把握背后的物理图像。

在量子力学中，由单粒子的波函数 φ 和 ψ 构造两体波函数时常采用 $\varphi \otimes \psi + \psi \otimes \varphi$ 与 $\varphi \otimes \psi - \psi \otimes \varphi$ 这两种形式。为什么呢？因为互换（interchange）两全同粒子[①]坐标的操作 P，其本征值为 $+1$ 和 -1（也可从置换群 S_2 的表示的角度看待这个问题）。不可区分的粒子（对）的波函数应该是交换算符的本征态。

由单粒子波函数出发，考虑到波函数的交换（interchange）对称性去构造两粒子的波函数，然后去计算体系的能量，其中有一项被称为交换积分（exchange integral）J_{ex}（细节略）。这个交换积分或者交换能的效应，Heisenberg[3] 和 Dirac[4] 在 1926 年都注意到了。交换作用是量子力学效应，费米子和玻色子都有交换作用。交换作用可用来解释铁磁性和物质的体积。在 Heisenberg 的铁磁模型中，尽管那个交换项（exchange term）来自电子的轨道角动量，但是被看做是两自旋之间的相互作用。这个作用项是个等价的概念，它比自旋之间的磁相互作用大得多。

细心的读者会注意到，分明是 interchange 波函数里的位置或自旋变量得来的积分项为什么会被称为 exchange term（integral，interaction）呢？笔者一直对这个问题感到困惑。仔细比较一些文献，发现干脆糊涂应付的也大有人在。比如这一段：When there are two electrons, the wave function for which the sum of the two spins equals 1 does not change its value when the spin variables of the electrons are exchanged. The wave function for which the sum becomes 0 changes sign when the spin variables are interchanged[5]。前一句说两电子的自旋变量 exchanged，后一句则用了 interchanged。再看 Wiki 的 exchange interaction 词条，它写到：This means that the overall wave function of a system must be antisymmetric when two electrons are exchanged, i. e. interchanged with respect to both spatial and spin coordinates（若两个电子的空间和自旋坐标被 interchanged 了，即两个电子 are

---

[①] 既然是全同的，交换从哪里说起呢？总要先分别开来然后再交换。可见这构造物理是在"虚现实"中进行的！

exchanged了)。这既不科学也不英语啊！

如果光是看Heisenberg处理铁磁性问题的工作，是不太好理解为什么interchange the spin variables得到的却是exchange term。在相关的问题中，是否真有什么被exchange了呢？让我们考察量子力学处理氢分子离子H_2^+的情形。把H_2^+当成两个固定的质子加一个电子的体系，在考虑到交换(interchange)质子位置时电子波函数应该表现的性质而得到的能量表示中，多出了一个交换(exchange)能量项J_{ex}。在这个问题中可设想如下物理图像：H_2^+可以被看成是两个质子在不断交换(exchange)电子(shuttling of the electron)——在两个质子的位置上交替地(alternatively)出现中性的氢原子构型。与此同时，两端粒子的统计也在费米统计和玻色统计之间交替[5]。某个性质的交替才是交换作用的本质（This alternation is the essence of the exchange force）。当然，如果仅仅只是如同在H_2^+中把那个本就知道其存在的电子当作两个质子取悦对方互赠的桃李，也看不出exchange interaction有什么特殊价值来。

大家的水平总是超出常人的想象力。1932年6月，Heisenberg向Zeitschrift für Physik杂志提交了他的原子核理论。此篇文章包含了原子核由质子和中子组成的思想，且提出中子-质子之间的作用力是exchange force的概念；为了描述这个交换力，需要引入同位旋(isospin)的概念。注意到原子核的结合能与原子核质量数A近似成正比，Heisenberg由此推论核力必须是一种exchange force，因为如果是两体势的话，结合能应该与A^2近似成正比。那么，中子-质子之间交换什么了呢？交换一个电子？不可能！质子和中子都是费米子，交换电子会造成两端统计的alternation。Heisenberg提议中子-质子之间交换的是玻色电子，后来又用电子-中微子对代替。进一步研究发现，如果核子之间交换的是电子-中微子对，又不足以解释交换力之强，这个建议也被否决了。1934年，汤川秀树假设质子-中子交换的是约100倍电子质量的介子。1936年，第一个介子μ-介子被发现。强相互作用作为一种exchange interaction以及存在中介强相互作用之介子(meson)(图2)的确立，将物理学推向一个更微妙的世界。Exchange interaction被推广到描述质子、中子内部夸克之间

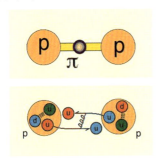

图2 两个质子之间交换π-介子

的相互作用，作为中介的胶子干脆就被称为 exchange particle（用来交换的粒子）。这个 exchange interaction 概念的确立又反过来改进我们对电磁相互作用的认识。

Exchange interaction 后来被用到各种语境中。固体物理中一个著名的交换作用机制是所谓的 RKKY（Ruderman-Kittel-Kasuya-Yosida 的缩写）作用，最早在二十世纪五十年代被引入用来描述核磁矩①借助与传导电子之间的相互作用所达成的一种耦合机制，后来被用于描述局域 d 或者 f 壳层的电子自旋之间通过传导电子发生的耦合。这里的 exchange 不是说核自旋或者内层电子(localized)之间交换了那个传导电子，而是说涉及的中间过程都是 Heisenberg 意义下的交换作用（exchange interaction，由 interchange 粒子变量而来的量子力学效应）。RKKY 理论是二阶微扰，要计算的是两核自旋或者两内层电子之间的关联能(correlation energy)。RKKY 理论一个最重要的结果是巨磁阻现象，它预言在由非磁性夹层分隔开的磁性材料薄层中会随夹层的厚度表现出铁磁性-反铁磁性之间的振荡。

结语

啰唆这么多，到底为何 interchange variables 得到的能量积分要被称为 exchange term 也还是没说清楚。在 Heisenberg 1926 年的论文中[3]，只有 tauschen (change) 和 Vertauschung (interchange) 的字样。Exchange energy, exchange term 这个概念是在哪里第一次出现的，还有待考证。

文章结尾，比较一下中英德法关于交换的词汇或许是有益的。中文就是交换而已。英文的 interchange 和 exchange 虽然可以硬加以区别，但有时也可能混用，如在 to interchange ideas 和 to exchange some sentences 中就看不出两者有什么区别。有趣的是，如果查字典的话，英文的 interchange 和 exchange 在法语里都是 échanger。法语的量子力学课本里会说 L'interaction d'échange est le résultat de la symétrie d'échange（交换作用是全同粒子之间存在交换对

---

① 我实在不明白，为什么 moment of momentum, moment of inertia, magnetic moment, electric dipole moment 等词被翻译成了动量矩、惯量矩、磁矩、电偶极矩，用的是矩（直尺）而不是距，这些本来就是用距离定义的物理量呀？再说，moment, momentum, 本来就是 movement(运动)。容另文专议。

称性的结果），跟中文一样含混。我手头的法语字典里就没有 interchanger 这个动词，虽然有名词 interchangeabilité（可互换性）。德语文献大概不太会混淆：交换作用（Die Austauschwechselwirkung①）或者交换能（Austauschenergie）是因为全同粒子交换位置（ihre Plätze zu vertauschen）而多出的能量项。交换能涉及的动词是 austauschen，而交换位置用的是动词 vertauschen，德国人习惯这种构词法所带来的细微差别。我觉得，这种文字表述上的差别应该会在相关国家造成物理文化的差别。为了明确交换作用相关的物理图像，愚以为中文若是表述为"交换能是由全同粒子的互换对称性所带来的量子效应"，也许能够对读者多一点提醒。当然了，纠缠于这些文字细节未见得就有助于对问题的深入理解。南岳怀让禅师所谓的"说似一物即不中"，实在地道出了物理学，尤其是量子物理，所遭遇的文字困境，也指明了"了悟"的境界该是什么样的。学物理者，弄清物理图像才是正经。

补 缀

1. Hamilton 为了拓展复数引入了 triplet $x + iy + jz$。参照利用复共轭的概念求复数模的作法，可对这样的 triplet 求模，则需要求 $ij = -ji$。这样的 triplet 是 a real, three-dimensional skew-field。Skew-field，有人随意给翻译成非对称域，但是 skew 的本义是 altered, eschew（躲闪）的意思。Altered，交替的，这才是 skew 的本义。

2. Levi-Civita symbol，又叫 alternating tensor（交替张量）。

3. 2015 年农历正月初四，某重读《西游记》，注意到一个细节：水贼刘洪杀死了新科状元陈光蕊，换上官服上任（江州州主，应不低于正局级）去了。当地军民人等不识来者是假货，最重要的是该贼人竟然在任上干了十八年却没露破绽，直到江流儿，即后来的大唐玄奘法师，同外祖父殷开山丞相一起领兵前来才揭穿该贼真面目。这让我很感慨：1）罩上官服，贼和状元在军民人等眼中原来是不可分辨的；2）贼在官位上原来是得心应手的。一时间，我好象明白了点什么。你们别想歪了，以为我明白了什么社会现象，我是说明白了点物理了。比如两个微分项加一起，未必能构成一个全微分，但你加一个合适的因子，说不定就行了。这保证了作为广延量的熵以及作为因子身份的绝对温

---

① 这是一个要命的德语概念。Austauschwechselwirkung, Austausch-wechsel-wirkung, 前面两个词对应的动词为 austauschen 和 wechseln，都是交换的意思，当然之间也有细微区别。

度这两个概念的引入。这是热力学的基础。又,两个算符,暂且叫贼算符和状元算符吧,原本是非对易的;但你给它们加个帽子或者做个变换,说不定就是对易的了。这把戏量子力学用得到吧。

4. 网上读到如下一段:taking partial derivatives and/or integrals with respect to different variables are considered to be independent actions upon functions. The order of these actions does not affect the final result because they are independent of each other. To make a very crude analogue of this, consider kicking and punching as independent actions. No matter which comes first, the result is the same: a black eye and a bruised knee. Let us dub the exchangeability of order for independent actions as kicking and punching principle. 对函数求导或者积分,如果变量是独立的,则结果与顺序无关。打个不恰当的比喻,这有点象拳打脚踢的效果。不管哪个先来,结果都是乌眼青加肿膝盖。因此,独立动作的可交换性不妨名之为"拳打脚踢原理"。

参考文献

[1] Conway J H, Smith D A. On Quaternions and Octonions: Their Geometry, Arithmetic, and Symmetry[M]. Massachusetts: A. K. Peters, 2003.

[2] Rand A. Atlas Shrugged[M]. Random House, 1957:194.

[3] Heisenberg W. Mehrköperproblem und Resonanz in der Quantenmechanik [J]. Zeitschrift für Physik, 1926, 38(6-7): 411-426.

[4] Dirac P A M. On the Theory of Quantum Mechanics[J]. Proceedings of the Royal Society of London A, 1926, 112: 661-677.

[5] Tomonaga S. The Story of Spin[M]. The University of Chicago Press, 1997.

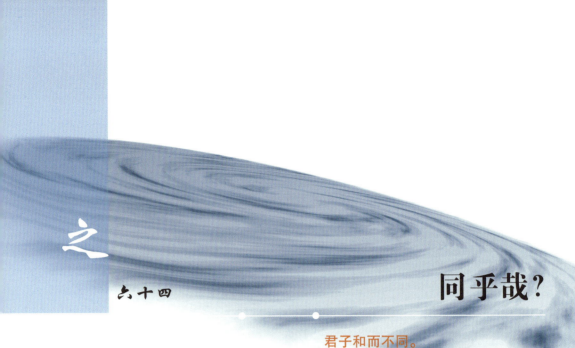

六十四　同乎哉？

> 君子和而不同。
> ——《论语》
>
> 罗带同心结未成。
> ——［宋］林逋《相思令》

摘要　英文中一些前缀如 com-，iso-和 homeo-，以及一些词如 identical 都会被汉译为"同"。与"变化"相对应的"同"在数学、物理学中自然具有举足轻重的地位。

物理学研究运动、变化。与变化相对的是不变，涉及 equilibrium（平衡，等重。或写成 equipoise），isometry（等距），invariant（不变量），symmetry（对称性），identity（全同性）等重要概念。相关的词汇汉译时多会用到"同"这个词，也就难免引起一些混乱，甚或掩盖了原意。

在我们刚开始学习几何时，就会遇到 concentric（同心），coaxial（同轴、共轴），collinear（共线）等概念。这几个词虽然汉译时有"同""共"的区别，其实其英文前缀是一个。Com，有 co-，con，col-，cor-等变异体，是拉丁文"一起

(together)"的意思。Concentric circles 是说一组圆有共同的圆心①，collinear points 是说一组点落在同一条线上。若一些存在（近似地）是 concentric 的，那一定是相当集中的。Concentric 对应的抽象名词 concentration 被汉译为"集中精力、浓度"，可能很少有人关注它的本义是"同心"。在"Why is there a concentration of hybrid creatures in this region（为何杂种在此地集中出现）"一句里的 concentration，就不能随便译成"浓度"。由前缀 com-构成的数学物理词汇很多，读者在理解这些词汇时不妨关照一下其"共同的"之本义，现随手举几例：computer（一起计算的人②），complex（编织到一起，如把两个实数 a, b 通过 i 拴在一起构成所谓的 complex number $z = a + ib$），concatenate（串成链），colloid（共存之物，即所谓的胶体），correlation（关联），等等。

Homeo-也是一个常见的表示 same，similar 意思的前缀，来自希腊语 ὅμοιος，汉语多译为"同"。Homeo-，有时也写成 homo-，来自希腊语 ὁμός，数学上有同伦群（homotopy group）、同调代数（homologous algebra）、同态（homomorphism）、同胚（homeomorphism）、同构（isomorphism）等令人毛骨悚然的概念，读者可以阅读下句找找感觉：Although the mapping between SU(2) and SO(3) is locally an isomorphism（同构），since their algebras are isomorphic（同构的），globally this relationship is a homomorphism（同态）。Homeothermal，也写成 homeoiothermal，恒温的，用于描述热血动物。Homogeneous，本义是同类的、同种的，如 homogeneous terms（同类项）。但是，在谈论代数式时 homogeneous 常被汉译成"齐次的"，谈论分布时 homogeneous 常被译为"均匀的"，可能都会让人忘掉其本义。

另一个常被汉译为同的前缀为 iso-，来源于希腊语 ἴσος，意为相等或相同，如 isosceles（等腿长的，见 isosceles triangle，等腰三角形），isochronal（等时段的），等。以 iso-为前缀的词是热力学的一道风景线，因为热力学研究过程，而

---

① 愚以为，圆心不是一个好的几何概念。圆心并不属于圆这个存在，而是人们赋予圆的一个外在特征。一个几何体的研究只能着落在它自身而不能指望还有别的其他存在，这是黎曼几何的思想基础。关于圆的物理的、不依赖于其他存在的定义，我曾有过如下建议：假设存在一维几何对象，将其复制件沿原件作任意位移而构成一个新的、仍只有两个端点的几何体。若该过程可无限进行下去，则所得结果为直线；若经有限操作后复制件（部分地）与原件重合，则所得结果为圆。此定义与操作得以进行的空间维度无关。

② 计算机出现前有专门从事数据处理职业的人，称为 computer。

一些过程是可以由某个不变的量来表征的，比如 isobaric（等压的），isochoric（等体积的），isothermal（等温的），isentropic（等熵的），等等。卡诺循环就由两个 adiabatic（绝热的）[1]和两个 isothermal 过程构成（图1）。

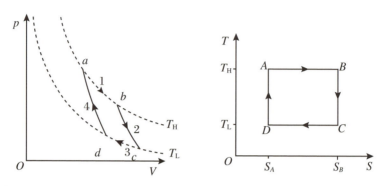

图1 卡诺循环的 p-V 坐标和 S-T 坐标表示，前者更接近于热机层面，而后者更接近热力学实质

前面提到，isothermal process 是等温过程，而描述热血动物之体温恒定则用 homeothermal。Iso-和 homeo-加于同一词干上但意思不同的例子还有前述的 isomorphic 与 homomorphic。其实，还有其他被译成同构的词在不同的学科中出现。比如 homeomorphic 在数学上用于描述流形时被译为同胚，其实依然会被理解成 isostructural（同构）的意思。Isomorphous crystals（同形晶体）指的是一类晶体有相同的空间群结构，但是对应格点上的元素不同，比如 $NaNO_3$ 和 $CaCO_3$ 晶体。

物理学中涉及 iso-为前缀的重要概念还有 isotropy，isometry 以及 isotope 等。tropy，就是 entropy（熵）里的 tropy，是 to turn 的意思，与指向有关。Isotropy 是说在不同方向上都相同，汉译各向同性，是一种角分布的对称性。而如果一个分布或者空间还是均匀的（homogeneous），那么它就是 isometric（等距的、等度规的），意思是距离的微分表示是不变的。理解几何学中的 isometry（等距，度规不变性）概念太重要了。欧几里得空间里的运动即是其 isometry：任何两点间的距离在变换（运动）后保持不变[1]。二维欧几里得空间的 isometry 总可以表示为平移和转动。所谓的固体空间群，不过就是欧几里

---

[1] 把 adiabatic process 译成绝热过程，这一错误在中文量子力学语境里引起极大的混乱。adiabatic 仅仅是不让透过而已，thermally adiabatic 才是绝热的。量子力学、统计力学提及的 adiabatic approximation，仅仅是假设没有状态之间的穿越而已，至少字面上与热无关。

得空间上 isometries 的有限群而已①。"洛伦兹群是庞加莱群,即闵科夫斯基时空之所有 isometries 构成的群,之子群",理解这句话,要比琢磨什么长度收缩、孪生子佯谬能更好地理解相对论。Isotope 由 iso-和 τόπος(place)构成,指放在同一个地方,汉译同位素很贴切。Isotope 是物理、化学上的重要话题②。同位素的发现同核裂变有关。元素周期表上从铀到铅是 11 种元素,但是裂变产物(用荷质比标定的?)却有 40 多种。原子经一个 α 衰变接两个 β 衰变得到的是同种化学性质但质量数少 4 的原子。同位素的存在,即一个原子数 Z 可以对应几个原子质量数 A,合理地解释了相关现象。一定数量的质子和不同数量的中子构成不同的原子核,若我们关注的是化学效应,可用 isotope 的概念,但在核物理意义上人们更愿意用核素(nuclide)的概念。同位素强调化学层面的意思,但不同同位素的差别在于原子核中中子数量的不同,一般来说不会表现出什么化学性质上的同位素效应。但有个特别的例外,就是氢元素。氕和氘两种同位素的原子之差别并不是在于质量数分别为 1 和 2,而是原子核中中子的有和无。愚以为,D_2O、T_2O 不同于水的化学效应和生物学效应(重水是致命的!)应该从原子核的中子开始理解。超导也存在同位素效应,但严格来说超导的同位素效应既不是化学的也不是核物理的,而是介于两者之间,因为它是和离子实(ion core)直接相关。超导同位素效应被当成声子对配对机制贡献的量度。以前认为 BCS 理论中的超导温度和序参数这些热力学量会表现出同位素效应,如今一些与配对机制无关的量,如磁场的穿透深度等,也发现可能表现出同位素效应。

  Identical 这个词在汉语中被译成"全同的",即英文的 exactly the same 或者 exactly alike。Identical,来自拉丁语 idem(阳性、中性单数主格形式),还记得 Jacob Bernoulli 的名言"eadem mutate resurgo"吗?就是那个 eadem(阴性单数主格形式)。注意,identity 在英汉字典里常被解释成身份、特征,有些人会感到不好理解。其实,identity 就是强调抽象的"同(sameness)"这个事实,即存在某些就你拥有的东西,就你能干得出来的事,就你说得出来的话,绝对和你是等同的,从而是你的 identity。毕加索的画、李白的诗和我的身份证,就是我们仨各自的 identity。群论中的 identity element of group 被译成"群的单位元",

---

① 你能从 isometries 的有限群的概念,推导出 2D 空间群有 17 种,3D 空间群有 230 种吗?我总觉得固体物理书中没有这个内容是一种遗憾。

② Topic(话题、标题)和 tope 是同一个词源。

是根据乘法中的 1 或者矩阵乘法的单位矩阵而来的望文生义。Identity 和"同"有关,而和"单位",即 1,没有必然的关系。对于加法群,identity element 就是 0,它参与的加法让所有别的数都不变。出现在 Jacobi identity 中的 identity 还被赋予了一个专用名词"恒等式",比如关于李代数的 Jacobi identity 形式为 $[A,[B,C]]+[B,[C,A]]+[C,[A,B]]=0$。恒等式的译法总让我以为 Jacobi identity 是强调对任何三个元素那个等于 0 的关系式恒成立,岂不知它着重强调的是二元操作 $[A,B]$ 的与计算顺序有关的性质。

在物理学中,对于越来越小的存在,比如原子以及构成原子的电子、质子和中子,我们认为对这些基本粒子是无法分辨其个体的:所有的电子都是一样的,所有的质子都是一样的,拥有严格相同的物理参数如质量、电荷、自旋等。英文书中说这些粒子是 identical 的,似乎是有意避免使用 same 这个词;汉语似乎也是为了强调,用了"全同的"一词①。其实,没那么邪乎,德语就用的是普通的 gleich(相同),见于 Einstein-Boseschen Statistik gleicher Partikel(相同粒子的爱因斯坦-玻色统计)。

图 2　麻……马……,我还没吃饭呢,你把兄弟当我喂了两次

然而"全同"是个非常可疑的概念,即便是在量子世界里,全同性也没有天然的保证。一群存在被宣称是全同的,可能是其可供区别的特征未被认识到,或者呈现的不过是大空间、时间尺度上的平均(多大算大取决于待考察对象的物理特征),也即全同性可能不过是幻象或者是无知、马虎的结果。怨妇的眼里男人都不是好东西,高等人的眼里其他人都是可役使的苦力,有些大大咧咧的妈妈甚至分不清亲生的双胞胎(图 2),这些都是个体的区别不能引起足够的重视而被高傲地给蔑视了的案例。古希腊的原子概念,原来是指不可分的物质组成单元,是一点花哨没有的。直到近代科学确立了化学元素的概念,又确立了原子的构成,原子不再是一个无结构的 identity,说原子世界是个万花筒应不算过分。

---

① 本朝科学家把西文当成高(端)大(气)上(档次),英文等西文把源自拉丁文的词语当成高大上,而拉丁文历史上为了上档次有过轰轰烈烈的希腊语拉丁化。但是,物理学,一如诸佛妙理,非关文字。

为了给物质的基本构成（elementary constitutes）分类，首先必须弄清楚两个问题：1) elementary 一词是什么意思？2) 什么时候可以说两个物体是 same 的？第二个问题马上就牵扯到群论，尤其是和空间的构造有关的群的理论。关于基本粒子（关于粒子的图像总是理想化的），我们说它是全同的，是群的不可约酉表示，由两个参数 m，s 加以参数化，若 $m \neq 0$, $s = 0, \frac{1}{2}, 1, \frac{3}{2}, \cdots$；若 $m = 0$，则有 $s = 0, \pm\frac{1}{2}, \pm 1, \pm\frac{3}{2}, \cdots$。这个 s 就是粒子的自旋（spin）[2]。相对论因果律要求两时空点的距离是类空间隔，两时空点上的场要么是对易的，要么是反对易的，因此就有了所谓的自旋－统计定理。统计物理宣称自旋为半整数的全同粒子遵循 Fermi-Dirac 统计，自旋为整数的全同粒子遵循 Bose-Einstein 统计[3]。据说，光子遵循 Bose-Einstein 统计，电子、质子和中子自旋为 1/2，遵循 Fermi-Dirac 统计。

但是，identical 是一个极限概念，出现在自上而下的一个逻辑链条的终结处。但凡一个粒子是有结构的，它就有不同的可能。就算氢原子是全同的，氢分子就有不同的可能；夸克是全同的，那么由两个甚至三个夸克组成的质子、中子就可能不是全同的。如同在什么尺度上粒子表现波动性一样，到底在什么尺度上粒子还遵从所谓的量子统计也是有趣的、基本的物理问题。

提到中子和质子，又引出一个带 iso- 的概念：isospin。质子和中子的自旋都是 1/2，就电磁相互作用而言是有区别的，就强相互作用而言它们却是没有区别的。Isospin 就是为了描述强相互作用相同的基本粒子的电荷状态数而引入的量子数。质子－中子对应两种电荷状态数，所以 isospin 是 1/2。Isospin，按照 isotopic spin 来理解，汉语译成同位旋。但是 isotopic spin 太令人困惑了，所以核物理学家还是喜欢称其为 isobaric（等重）spin，因为质子－中子的质量差不多，固有此说，但汉语好象把这个词还是当成同位旋。当然了，isospin 也不是什么 spin，spin 有（作用量）量纲，而 isospin 是无量纲量。

写完此篇，内心感到非常压抑。Isomorphism（同构），homomorphism（同态），homeomorphism（同胚），西文的本义都是关于 morph（型，结构）的变换，因此都是"同"构的意思。可是，人家的"同"是不同的，但到了中文里面，"同"倒是都同了，对象却被细分成了不知所云的"构"、"态"和"胚"。分明是修饰词区别的内容，到了中文却表现为主体上的变化，让人恍惚以为是研究三种不同的对象。这样的错误有多少？它们到底多大程度上加大了一代代中国人学习科学的代价，真是无法估量。半吊子学者误人误国，可鄙！而那不肯求真的学术传统，尤为可恨！

后记：本文撰写过程中，碰巧我的一位小朋友在读了上篇咬文嚼字后发来一份邮件，内有关于全同粒子的感想，照录如下："对于无心于物理者，这当然不是问题。这几天天热，房间蚊子不少，在用电蚊拍打蚊子时突然想起：对于我们来说，蚊子也是一种全同粒子（虽然对它们自身来说，肯定是有区别的），因为我无法区分这个蚊子是不是之前我差点逮到的那只。"哈，academically 顽皮，也算是一种境界。

补 缀

1. 数学史上重要的 Dido's problem，即如何用给定的长度去围出最大的面积，是一个 isoperimetric（等周长的）problem。这个问题给我的启示是，任何一个有趣的问题，也许其表述和解都是简单的，但是其影响可能是深远和广泛的。
2. 固定液滴（sessile droplet）问题，应是等体积约束下求轮廓的问题，具有某种普适性。

参考文献

[1] Wilber K. Holographic Paradigm[M]. Shambhala,1982.
[2] Sternberg S. Group Theory and Physics[M]. Cambridge,1994:149.
[3] Pauli W. The Connection Between Spin and Statistics[J]. Phys. Rev., 1940,58:716.

六十五　空空，如也

人生似瓦盆，打破了方见真空。
　　　　　　　　——洪应明《菜根谭》

色不异空，空不异色。色即是空，空即是色。[①]
　　　　　　　　——《般若波罗蜜多心经》

空色皆寂灭。
　　　　　　　　——陈子昂《感遇》

禅师都未知名姓，始觉空门意味长。
　　　　　　　　——[唐]杜牧

善知识，莫闻吾说空便即著空。[②]
　　　　　　　　——《六祖坛经》

摘要　空是个日常生活、宗教、哲学、数学和物理学都要面对的艰涩概念。Space，void，nothingness，emptiness，vacancy，vacuum，hole 是各色的空。汉译一股脑儿地都用一个"空"字对付。何谓"空"？何谓"真空"？恐非常识之识也。是空非空。

[①] 佛家的色，代表物质。佛法对物质的认识依据两个方面：一为显色，即颜色；一是形色，即形状。空与色构成世界，这有点类似原子论的 atom 加 void 的世界观。
[②] 聪明的人们啊，别听我说空就执着于空。这也是这篇文章的主旨。

1. 文艺范儿的空

"空"这个概念，充斥人类文化的各个角落。从实实在在的"有"，人们抽象出了"空"的概念。物质性让我们遭遇尘世的悲苦，空虚、虚空于是就有了特别的意义。存在是束缚，是执着；而空，自在，就显得很有范儿。张籍《书怀》有句云"别从仙客求方法，时到僧家问苦空"，《红楼梦》里给妙玉的判词是"欲洁何曾洁，云空未必空"，都透着别样的文艺范儿。

空的概念混迹于宗教、玄学、哲学、数学与物理诸领域，仿佛一切皆空。空是我们不得不面对的艰涩概念，又实在，又难以把握。阿部正雄说"空必须空掉自身"[1]，刘慈欣却说"空不是无，空是一种存在，你得用空这种存在填满自己"[2]。这让人无所适从。"一念空时万境空"，这一句中就有两种不同的空。佛教徒有所谓的空性（sungata）与虚空（akasha）。虚空是指空间的空及空大。那么空性呢？是指粒子可以用湮灭算符消灭掉，还是指高度自组织的体系如生命终究要归于寂灭？

西文物理文献中论及"空"，常常是几个词来回交替着用。《至美无相》中有一段关于空的论述：Take, for example, the idea of a perfect emptiness—the void（例如，关于完全的空，即空洞，的概念），gravity acted between particles across the vacuum（引力穿越真空在粒子间作用）。[3] 你会疑惑这里的 perfect emptiness, void 和 vacuum 哪一个不是真空？有时候，物理学家对"空"之概念的滥用能直接把人逼入空门。读者朋友请试着跟我阅读理解如下一段奇文：Empty space, the vacuum free of matter excitations, is not empty, for there is still space. The vacuum of quantum gravity, devoid even of spacetime excitations, would be emptier than empty space（空的空间，即没有物质激发的真空，其实不空，因为还有空间。量子引力的真空，连时空激发都是空乏的，会比空的空间还空）[4]。看到这里我是懵了。估计作者自己也不好意思了，于是接着写到：We are reaching the limits of logic and language, and those limitations are a prelude to the conceptual difficulties faced in quantum gravity…. A whole world rests on emptiest space, at least according to loop quantum gravity（我们来到了逻辑①与语言的极限，那些极限实际上是量子引

---

① Logic, λογος, 逻辑, 就是希腊语的"语言"诶！

力所面临的概念困难的前奏……整个世界是建立在空荡荡的空间上的,至少圈量子引力是这样认为的)[4]。

文学家们也热衷于描写各种的空。丹·布朗《失落的密符》[5]一书充斥着这样的例子:He was pure consciousness now… a fleshless sentience suspended in the emptiness(虚空)of a vast universe, Robert Langdon's floated through the emptiness of space(空间之虚空), He peered into the infinite void（无尽的空洞）, searching for any points of reference, like shock waves across a vast nothingness（空无一物）, vacant face（茫然的面孔）of Langdon, 等等。传神地翻译出这些不同的"空"的意境真不是容易对付的挑战,反正笔者没这个本事。

当一个词在一种前提下使用是一个意思,在另一种前提下使用是另一个意思时,就会产生因歧义而带来的错误。在日常的讨论中,这种逻辑错误很常见。使用错误逻辑得出的结论是无意义的[6]。可叹的是,理论物理和宇宙学中充斥着这种根本无意义。本文涉及多个关于"空"的西文词汇,且这些词长期被混用或被用来循环定义,笔者想尽力理出一个清晰的思路来,但发现根本做不到。职是之故,下文的小标题不具有严格的意义。

2. Empty emptiness

Empty 是一个典型的英文词,名词形式为 emptiness, 来自古英语的 emti, 未占据、不受强制之意。数学里 empty 的概念用于 the empty set（曾用名 null set）, 符号 ∅, 汉译空集, 指不包含任何元素的集合,其大小或曰势（cardinality）为零。在自然数的标准集合论定义中,人们使用集合对自然数进行模型化。在这个语境中,零就用空集加以模型化。0 是数学史上引入的最重要的数,导入零这个概念需要漫长的过程。考虑到零的概念和符号 0 的出现比别的数字都晚,也就能理解空集的概念也出现得较晚。"有"作用于人,开始了人对自然的认识,而"无",0,以及∅,都属于抽象的概念,是人类思维的产物。"有"与"无",不在同一个层面上。在数学中,有定理称"对空集的任何元素,该性质成立",这样的性质,因为没有任何对象或者载体,被称为 vacuous truth（空指真理）。爱因斯坦的广义协变原理就因为是 physically vacuous（没有物理内容）而饱受责难。

Emptiness, 汉译"虚空、无意义"。Emptiness 是广义的啥都没有;与此相对，void 和 vacuum 常常指存在中间没有存在或存在感有些欠缺的地方。在"资产阶级不断增长的虚空（emptiness），与一惯用虚空来表达自己的资产阶级一样是短寿的，与资产阶级今朝有酒今朝醉的虚幻生活一样是缺乏主心骨的……在时间（temporal）意义上和实际（factual）意义上，无望（hopelessness）是最令人难以忍受的，是完全与人类的需要不相容的"[7]一段中，emptiness 与 hopelessness 被联系到了一起。物理上用 emptiness 和 perfect emptiness 来表达完全意义上的无。某些科幻文章中逃离了地球的人类驶入 empty space（空旷的太空），眼前就只有 emptiness 了。Emptiness? Don't you know it's hopeless（空，你不觉得就是无望吗）[8]？面对这样的空与无助，人类如何安慰自己恐惧的心灵？

3. Void

Void 来自拉丁语动词 vacare，即 to be empty，可用作动词、名词和形容词，和汉语的"空、无"相对应。比如在 void my bladder（小便的委婉语）中是动词，有排空的意思；在 the contract may be void by law（合同于法无据）中是形容词，而在 empty space was the void[9]中，void 是名词。Empty space was the void，怎么翻译？空的空间就是个空洞？

Void 这样的存在，void of all content，是啥内容都没有。日常用法中的 void 似乎等同于绘画中的留白，那里被看作画的一部分，但又不是画的一部分。黄宾虹 1943 年 11 月 6 日给傅雷的信中，提到《韩非子》的"画荚"："言其画之隙处皆成龙蛇……鄙见以为此论画虚处之宗师，宋元名画其致密之处必得如此方成绝艺。"可见，留白与虚、隙相干，都和 void 有关。达芬奇说："一幅画中最白的地方要象宝石那样可贵。"一幅画中没有内容的 void 是最有价值的存在，此一辩证法意味的观点可算是东西方艺术家的共识。实际上，若一幅画的黑、白部分都和我们熟悉的形象相像，我们就愿意同时把黑色部分和白色部分诠释为同一幅画的内容而不是理解成画面加 void。有些艺术家故意利用这一点来创作一些很有意思的画作。

在古希腊哲学家的原子论语境中，世界是由原子和 void（空隙）组成的，一维的形象让人想起二进制的 1-0 字符串。这个 featureless void，实际上连那时候的柏拉图也怀疑其存在。原子是存在，being，essence，原子之间的空隙不过是抽象概念(图1)，来自对运动的观察。一个固化的原子构型(configuration)，无所谓是否有void；但若原子的构型是可变的，即原子之间是有相对运动的，则诱使人们引入距离①以及原子之间存在void的观念。卢克莱修在他的《物性论》(De Rerum Natura)一书中指出：如果物体之间没有space, void，那就没有运动。

图1　原子与空隙。是否要把黑方块和白方块同时都当作存在呢？

把想象中的存在之缺失或者缝隙当成 void 的习惯，在晶体学研究中得到了继承。以想象中的完美晶格结构为出发点，多了或者少了都被称为缺陷。如果某个格点上缺少了占位原子，这样的缺陷被称为 vacancy（空位），或者干脆就称为 empty site；相反，若在非格点处出现原子，则被称为 interstitial。Interstitial，名词形式为 interstice, a small or narrow space between things or parts，其实也还是 void，来自拉丁动词 intersistere (to set in between)。Vacancy 的动词形式是 vacate，形容词形式为 vacant。一个位子空出来了(vacant)，那些有意继任的人难免有冲突。在固体中，当一个 vacancy 被产生时，也会引起附近原子的骚动。原子向空位的运动是一种重要的扩散机制(图2)。

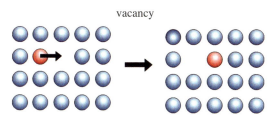

图2　固体中有 vacancy 存在时，附近原子有填补该空位的冲动

---

① 考虑单纯的两体问题，没有距离的概念。在实在的物理空间里，两体之间的距离是用其他存在来标定的。牛顿的有度规的绝对空间是高度抽象的概念。

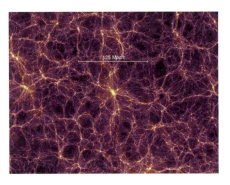

图 3　宇宙结构的模拟图中,每一个亮点都对应一个星系团,而空白区域就是 void

如今宇宙学家的星系巡天结果显示我们的宇宙似乎呈一种"泡沫网状"结构。Void 又被用来表示大空间尺度上无星系空区,汉语语境中有人称之为巨洞(图3)。其实,这样的 void 区域并非没有物质,只是相对于所使用的观测信号①是"无"的。一种时髦的说法是 void 充满着暗物质。

比作为名词的 void 色彩更强烈一点的词是 voidness,"No light, no sound, no feeling. Only an infinite and silent voidness(没有光,没有声,没有感觉,只有无边寂静的 voidness)"。比作为形容词的 void 色彩更强烈的是 devoid,完全没有的意思,例句如"Even space was devoid of some subtle matter, effluvia, or immaterial matter(平直空间完全没有任何细微的物质、排出物或者不具实体的物质)"②[10]。柏拉图在门上挂的"不懂几何者莫入"的牌子,英文写成"Let no one devoid of geometry enter here"。Devoid of geometry,即完全缺乏几何学知识。

4．Hole

Hole,形容词形式为 hollow(德语为 hohl),hollow 或者 hollowed-out 的空间,对应汉语的孔、穴、洞、缝隙等。在物理文献中,hole 可以是一般意义上的孔洞,如 to drill a hole in the plate(在板上钻个孔),to collapse into a black hole(坍缩成一个黑洞),但更多的时候它被译成"空穴",是一种能量空间中的存在。

图 4 是 Ne 原子能级的示意图。按照 Aufbau principle(构建原理),1s 能级(K 壳层)上可容纳两个电子,2s 能级(L_1 壳层)上可容纳两个电子,2p 能级($L_{2,3}$ 壳层)上可容纳六个电子。如果有高能光子或者电子入射把芯能级(比如 K 壳层)上的一个电子击出,则(在能量空间中)留下一个 hole,此时 hole 汉译为

---

① 天知道那些用来巡天的信号是什么信号,所使用的探测器是怎样神奇的探测器。
② 这些句子译成汉语都很别扭。Immaterial matter,不具实体的物质,猜想是指光啊、中微子啊以及别的什么场。

空位。芯能级有空位的原子是一个不稳定体系,能量较高壳层上的电子会试图填补这个空位,在高能级壳层上产生一个空位,多出的能量会以光子形式释放。1925年,法国科学家 Piere Auger 注意到还存在这样的过程:能量较高壳层上的电子在填补芯能级上空位的同时,会把附近能级上的电子击出,留下两个空位。此过程就是所谓的 Auger process(俄歇过程)。

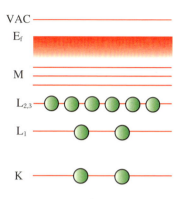

图4　Ne 原子中电子占据能级的示意图。K 能级能容纳两个电子。若其中一个电子缺失,人们会说那里留下一个 hole

Hole 在另外的语境中会被译为空穴,这时候它是一个等价粒子的概念。当初,1926年,狄拉克刚提出相对论性量子力学方程时,很是为方程的负能量解的诠释伤脑筋。狄拉克不得不设想,负能量态是被满满地占据的,那构成了所谓的黑暗的宇宙背景,所谓的"空虚"(the void, the dark cosmic background)。这样的背景 space 远远不是 empty 的,应该给它找个非同寻常的词,于是物理学家称之为 vacuum。此处的 vacuum,名为真空,其实不空。如果一个负能粒子被激发到正能态,就在原来满满的负能粒子 void 大背景上留下一个 vacancy,一个 hole(图5）[3]。这个 hole 就是由于构成大背景之某个元素的缺失造成的。固体点阵中缺少一个原子是 vacancy,一罐水中缺失的部分是气泡(bubble),和这儿的 hole 都是类似的图像。

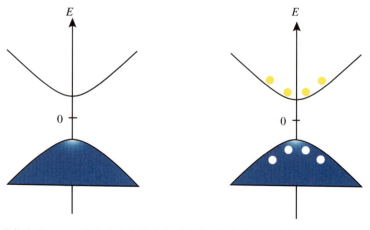

图5　狄拉克的 void,所有的负能量态都被占据,所有的正能量态都是空的。当少量的电子被激发到正能量态时,会在负能量电子海中留下 vacancies,这些 vacancy 可被诠释成反电子或者正电子

带电荷粒子集体中的"hole",可等效地看成是一种新的基本粒子,和实体粒子有同样的质量但是电荷相反(如果所研究的带电粒子集体同带相反电荷的粒子集体构成一个中性的整体,这后一点才成立。至于等效质量问题,那更麻烦)。在空穴理论(hole theory)中,有这样的真空(vacuum)图像,其是被"负能量电子海"所填充的[11]。狄拉克的负能量电子海中的 hole 带正电,因为那是电子被激发后留下来的。有的叙述把它命名为狄拉克的 void,激发后在电子海中留下了 vacancy 或者 hole。Dirac 一开始是想用质子解释这个 hole 的,他那篇论文的题目叫 A theory of electrons and protons,结果还是引入了反电子或者正电子的概念来命名这个等效的存在。等到 1932 年人们发现了真的正电子,狄拉克方程中波函数的四个分量于是被诠释成两个描述电子行为,两个(负能量解)对应正电子。正电子是实实在在的粒子,不是 hole。所谓的电子海的概念也失去了存在的必要①。但是,这个概念有一天还会借尸还魂。

薛定谔方程运用于固体所得到的能带理论,带来了对固体何为导体、何为绝缘体的初步认识。绝缘体具有被填满的价带和全空(empty)的导带,价带和导带之间有一个能隙。被电子填满的价带提供了一个真实的狄拉克电子海的图像。请注意,狄拉克理论中有正能解和负能解,那里的能量是极性的(polar);而薛定谔方程中电子的能量虽然相对于某个参考能级可正可负,但这里的能量不是极性的,正负不具有绝对的意义。固体能带论中,固体中的电子都处于负能级(相对于真空能级来说)上。全满的价带中电子的动量之和总为零,因此在(弱)电场驱动下动量变化为零,即不能表现出净电流,这是能带理论对绝缘性质的解释。若某个电子被激发到导带,则在价带中留下一个空位(hole)(图 6)。在导带中的电子很自由,能导电;而原来填满的价带中的大量电子因为空穴的出现也能稍微活动一下筋骨,所以也对电导有一点贡献。如果把空位等价于一个正电荷的话,则电导是由导带中带负电的电子和价带中带正电荷的空穴一同贡献的。不过,我们一定要记住,固体能带论语境中的电流仅是由带负电的电子贡献的②。空穴是一个集体行为的等效概念,等效的结果是空穴带一个单位的正电荷,但与狄拉克理论中的空穴不同,此处空穴的(有效)

---

① 好象本来就没什么道理,或者至少还存在其他无法自圆其说的困难。狄拉克想过、写下过许多没道理的想法,这是有思想的人的特征。但是,不能因为是狄拉克的想法就不辨妍媸。所谓的磁单极研究,乃是对狄拉克一思想之不明就里乱加发挥的典型案例。
② 离子导体中的电流有来自带正电的离子的贡献。

质量不同于电子的质量。

注意,原子能级上的 hole 等价于一个正电荷是由于原子核提供了正电荷背景;在固体能带论中,价带中的空穴等价地带一个正电荷是因为存在正离子晶格背景——能带论考虑的就是正电荷点阵背景上的电子运动。在狄拉克的真空图景中,空穴等价地带有一个正电荷。如果要为狄拉克的理论找理由的话,那就是物质世界是中性的,他的电子海需要一个正电荷海与其中和。但是,这无疑会将狄拉克的论证置于一个更加不合理的位置。没关系,狄拉克不在乎——这似乎是他成功的一个前提。如果这个世界是纯气(一个电子加一个质子)的世界,这样的狄拉克理论可能就被物理学家说成是无可挑剔的了。此外,图 5 中电子海的形象,比较含混;图 6 中的价带,一般是动量－能量空间中的示意图。但是,如何将能量-坐标空间分立化使之与电子数目相对应(否则占满是什么意思),这里没考虑。这个问题进一步地引入了量子统计。

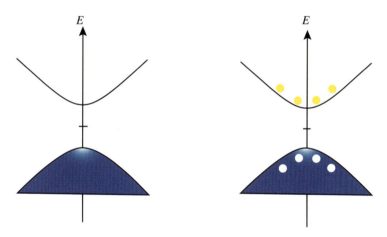

图 6　绝缘体的价带(全满)与导带(全空)。当少量的电子被激发到导带时,会在价带的电子海中留下 holes,这些 hole 可被诠释成带正电的粒子,但质量与电子不同。注意图 6 和图 5 的不同

在剧场中绝大部分被占据的座位中少数空出的座位 (a few vacant seats),是可等效地被当成空穴的绝佳案例。这一点连文学家们都注意到了。钱钟书《围城》有句云:"这些空座象一嘴牙齿忽然掉了几枚,留下的空穴,看了心里不舒服。"

固体中一个原子缺失的地方,其他原子会试图占据那个位置;水体中出现一个气泡,其他部分的水会试图填充那个部分。价带中某个电子缺失了,其他

电子的动量之和因此有了改变的可能。因为有了空位，整个体系动了起来。当然动的主体仍然是原子、水或者电子。可是，如果研究那个"空位(hole)"的运动的话，因为对象较少，问题会变得较简单。但是，因为空位的运动是实体整体运动的一个等价的（effective）效果，我非常怀疑对空位运动的研究能反映实体运动的全部。

5. Space

如果说有什么重要物理概念被错译得离谱的话，首屈一指要算 space。Space 是个无处不在的科学概念，中文译成"空间"。可是，英文物理文献中随处可见 empty space, emptiness of space 的说法，把它们译成"空的空间，空间的空"？

Space，拉丁语 spatium，延展(to expand)、跟进(to succeed)的意思。英文提及 three-dimensional space，会说它是 extension in three directions（在三个方向上的延伸）。Space 可以理解为位置上的间隔，如"他（牛顿）把一个凸透镜放到一块平板玻璃上，这样两者之间就有了一个小的空气 space，即一个从接触点向外越来越大的 gap（空隙）"[12]。

Space 还可以指时间段，例如有 within a short space of time（一小会儿），in the space of two hours（两小时内），to rest a space（歇会儿）的说法。在 And yet his genius demanded space for reflection that he could ill afford[13] 一句中，space 也是时间间隙，此句可译为"他（达芬奇）的天才需要思考的时间，但他却常常做不到"。Space 的形容词形式之一为 spatial，如 spatial extension 其实就是规格、大小。Space 的另一形容词形式为 spacious，是说容量很大，如 The Hall is spacious。Space 和 time 拼在一起可写成 spacetime，也有写成 timespace 的，两者的概念内涵应该是正交的。汉语一般称为时空。Spacetime 的形容词形式为 spatiotemporal，如 spatiotemporal sequence（时空序列）。

Space 还是动词，就是分隔、留下间隔的意思。Space out 就是加空格、空行的意思。The systems of stars are spaced with the same density in all directions 一句可大略译成"星系之间均匀相隔，在所有方向上密度都相同"。由动词 space 而来的名词 spacer，是隔离物的意思，任何造成间隔的东西都是 spacer，比如垫片。在石墨的碳层之间塞入碱金属等元素的原子算是插入 spacer，不过其专门词汇为 intercalation（夹层）。据说插入分子分隔层

(intercalation of a molecular spacer layer)能提升一些材料的超导转变温度。

改变 space 的汉译怕是不可能了,但是谈论一下是否有更好的选择还是允许的。古汉语里的空虚,不是如今我们的内心空虚,应是 space 的意思。庄子《秋水》云:"井蛙不可以语于海者,拘于虚也;夏虫不可以语于冰者,笃于时也。"就是讲时空尺度的重要性。所谓的"拘于虚也",就是说受空间的限制;"笃于时也",就是受时间的限制。Space 包含所有考虑的对象,有全体的意思,如统计学中的样品空间(sample space)就定义为包含所有可能结果的集合。从这个意义上来看,space 对应于庄子的"大块",试体会"大块无心兮,生我与伊"、"夫大块载我以形,劳我以生,佚我以老,息我以死",等等。"善知识,世界虚空,能含万物色像",这可算佛门对 space 概念的解释。

数学上把 space 定义为满足一组公设的元素的集合。空间不仅是一个集合,而且是有结构的集合。或者说空间不仅有点,还要有点之间的连接。这样的空间很多,比如 vector space, Banach space, functional space,等等。对于量子力学的表述至关重要的希尔伯特空间就是由某个自伴随算符的本征函数所张的空间。希尔伯特空间是矢量空间的一种,可以定义其中矢量的模和任意两个矢量 x,y 之间的点乘 $x \cdot y$,从而可以进一步地定义量 $\cos^2\varphi = \frac{|x \cdot y|^2}{|x|^2 |y|^2} \in [0,1]$,因此 $\cos^2\varphi$ 就可以描述几率。这就是量子力学的关键小把戏。

离开空间的概念物理学简直寸步难行。可是,什么是物理意义上的空间?海德格尔在《诗·语·思》(Poetry, Language, Thought)中写道:space is in essence that for which room has been made, that which is let into its bounds(空间就是为了给其他东西提供地方)。有趣。由此可以理解为什么说 Space is the arena in which a particle reveals its position(空间是粒子表现出位置的场所)。莱布尼茨则说:Lastly, space is that, which results from places taken together(说到底,空间就是把地方集合到一起)。笛卡尔认为 space being the only form of substance(空间是存在的唯一形式),所有的空间都充满物质。

Space 一词在西文里本身没有空的概念。但是,当讨论 space 为存在提供地方的努力时,自然会讨论 empty space。牛顿就坚持空间必须是空的,应该被当作基本的、独立的对象处理,只有这样才能在次级层面上讨论充满空间的东西,比如在其中运动的粒子[10]。所以,可以说 particles moving through otherwise empty space(粒子穿过除却自身为空的空间。笔者以为,这句话是说任何存在都运动在其他存在所定义的space中); Since space was empty[①], light had to be something that traveled through this nothingness（因为空间是空的，所以光必须是某种能够穿过"虚无"的东西）[9]。但是，莱布尼茨坚信空间并不存在。在他看来，space 不过就是一个方便的为事物相对位置编码的方案[14]。

又，有时候我们说起 space，比如 outer space（外太空），这里的 space 从概念上就包含了存在，所以会说行星的轨迹穿过空间的 void（Planets trace orbits through the void of space）。Void 是 space 中 empty 的地方。

物理学的 space 概念，参照数学的定义，应该由物质（元素）和物质间的联系（元素满足的公设）一起加以定义。假设物质间的联系是纯几何的联系的话，那么包括所有的点及其间联系的空间必须是凸的。似乎在宇宙学模型中，空间结构自然就是凸的，但这个强约束对物理学的影响是什么，未见深入讨论。不过，现代物理的 space 充满力场，如果物质之间的连接是场的话，如何从这个事实出发去构造空间呢？或者，不知空间的数学结构，如何描述其中的力场呢？

关于空间的数学与物理的内在同一性，或许可以用椭圆为例加以说明。椭圆可以从一点出发定义，它能描述被太阳束缚的行星的轨道。从两点出发的关于椭圆的定义，在物理体系中也一定会有它的体现。氢分子离子，地球－月亮－人造卫星体系，就是关于两个吸引中心的运动问题。在这里，两个中心的存在，使得电子或者人造卫星运动在一个有结构的空间中。关于这个空间结构的描述，或者坐标系，就应该和椭圆有关。使用椭圆－双曲线坐标系，这类问题有相对简单的解的形式。这正验证了这样的观点：物质的存在决定了空间的结构。为什么如广义相对论所言是质量决定了空间的形式呢？这里的问题就和质量没关系，是电荷的存在决定了空间的形式。当然了，这里涉及空间本身结构和描述空间所采用之数学结构的区别，可是它们之间真有实质性的区别吗？

物理学的第零定律，谓我们的空间是三维的。所有的粒子具有在空间中占据一定体积的特征。把粒子理想性化成点粒子，允许零距离的出现，是一些物理理论发生灾难的本源。有些理论设想我们的空间具有更多的维度，但在多出

---

① 科学史上的认识过程正好相反。因为认为光必须是某种物质的振动，人们曾认为空间充满以太。

的、长度很小的维度上是闭合的，并用麦秆作比喻：不考虑壁厚，麦秆可看作是二维的，但有一个维度是小尺度且闭合的，所以远距离上看麦秆就表现为一维的了。然而没有证据表明我们的宇宙是高维空间中的一个薄片或壳。引入高维空间也许是解决某些物理学悖论的有效方案，但那个悖论的出现本身可能是无意义的，没必要非要为此付出引入高维空间的代价。

注意到人们常把 spatial dimension（空间维度）与时间相提并论，甚至把三维空间和一维时间缝合到一起构成所谓的闵科夫斯基空间。然而，我们可以有空间，但我们不可能有时间，这就是为什么狭义相对论有 $(x；ict)$ 的原因。时间来自我们的想象，或者时间来自我们用位置-运动描述世界时引入的辅助参数。Dave Pressler 也有类似的观点[6]。

Space 有时也会被误用。空间量子化，space quantization，是对德语 Richtungsquantelung 的翻译，原文应是方向量子化。方向量子化即角动量 z-分量的量子化。如只从中文字面上理解这个概念，可能引起更大的误会。

Space 对应德语的 Raum，empty space 对应 Hohlraum。但是，Hohlraum 这个词在英语物理文献中存活了下来，其意思是 hollow space 或者 cavity 的意思，可译为空腔。在辐射热力学中，Hohlraum 就是其壁与内部辐射能量处于辐射平衡的腔体。壁上开一小孔的不透明容器可看作是理想的腔体，透过小孔逃逸的辐射可以当作是黑体辐射的近似。对这个 Hohlraum 的辐射谱分布的研究是导致光子能量量子化概念的关键。

6. Vacuum

Vacuum 在一般英文文献中是名词，复数形式为 vacua，汉译"真空"。Vacuum 是一个拉丁语形容词的中性形式，阳性形式为 vacuus，本义是 vacant, void 的意思，也就是"空无一物"的意思。英语里与 vacuum 同源的形容词是 vacuous，如数学里的 vacuous truth（虚指真理）。关于 vacuous 的例句有 Relativity principle in the form of general covariance was physically vacuous, a pure mathematical property（广义协变形式的相对论原理物理上是空指的，那纯粹是数学性质），又如 If there is no way the premises are all be true, then the guarantee holds vacuously（如果所有的前提不能皆为真，那保证就落空了）[15]。比 vacuum 还抽象一点的日常用名词为 vacuity（空乏），如评价某人是 a vacuity of taste（毫无品味的家伙）。

Vacuum 被汉译成真空。真空是佛教用语,看来译者是严肃对待 vacuum 这个词的。笔者没有慧根,于"非有之有为妙有,非空之空为真空,乃大乘至极之真空也"之类的句子没有个理解处。Vacuum 的很多物理用法,意义都不是落在"真空"上。

古希腊人伊壁鸠鲁和卢克莱修等人宣称宇宙是由 atom 加上 void 构成的,但亚里士多德反对这一观点,认为只要有"空"的话,旁边的物质会自动填满①。他还从抽象意义上加以反驳,既然 void 是"什么都没有",那就不存在②。因此,亚里士多德提出了 horror vacui(对真空的恐惧)的假设。后来,法国作家拉伯雷把他转述为 natura abhorret vacuum(大自然讨厌真空,英文为 nature abhors vacuum)[16]。"大自然厌恶真空"是说物质,具体地说是气体,会迅速填满被 evacuated 的空间。这个局部的 vacuum 是在存在中人为创造的。亚里士多德用这个假设来解释水泵的原理,当然也能用来理解你穿衣服淋浴时为什么衣服总是贴在身上。其实,若权力真空一旦出现,可能会更快地被填补。在这个意义上,似乎说"人性讨厌真空(humanity abhors a vacuum)"更确切。人性讨厌各种各样的真空(humanity abhors vacua)。

图 7 典型的分子涡轮泵。高速旋转的叶片能造成气体的单向流,从而在两端维持大的真空度之差

然而,似乎真空不是那么容易被填满。水在抽空的管子中只能上升到有限的高度,这说明 void,vacuum 并不总是要被填满,而是可以维持的。托里切利于 1643 年首次利用水银在实验室里制备了真空状态,开启了关于真空(毋宁说是关于气体)的研究。今天,真空简直就是许多科学研究和日常生活的前提条件,为了实现高真空而研制的不同工作范围的真空泵林林总总(图 7),原理也各不相同。目前,在一般实验室里,实现 10^{-11} mbar 的超高真空已不算难事。"在真空中"的英文表达为 in vacuo,其中 vacuo 是 vacuus 的夺格,作状语。

---

① 请试着长出一口气,然后把嘴张开。慢慢体会这个过程。
② 为了描述实在,我们人类确实是添加了一些不存在的东西,比如圆心。愚以为这恰是人类抽象之威力所在,是科学得以出现的前提。

其实，宇宙的广大部分都多少算是空的空间（empty space），看来宇宙关于它的大范围厌恶不象是干了点什么的——宇宙没有能力填满真空。宇宙大体上接近真空。稍微远离星体的外太空是更高品质的真空，真的很空，平均来说每立方米就几个氢原子。这也是整个宇宙的平均物质占有水平，或者毋宁说是氢原子的分布定义了空间的概念，而星球，不过是其中的高密度偶发现象而已。

真空是什么存在都没有的存在。不过，莱布尼茨却说 vacuum est extensum sine resistantia（真空是没有阻力的地方），这个定义更物理。愚以为，从质量、电阻的角度或者从激励—响应的角度来理解，能体会到这个 sine resistantia 定义的真空概念太有深意了。水、空气的无色无味，其实都是我们视觉和味觉定义的真空态。

Vacuum 的概念逐渐被运用到多种数学和物理语境中，有了更多的别样色彩，也就有了更多的歧义。比如数学上冯·诺依曼宇宙是由这样的集合构成的：其元素也是集合。任何是集合族 X_{i+1} 之元素的属于集合族 X_i 的集合，至少有一个元素。那么，最终必有一个集合，拥有最少的元素，就是空集。这个冯·诺依曼宇宙的第一个元素就是 the empty set $\emptyset$，因此可以说 von Neumann's universe is born from a philosophical vacuum（冯·诺依曼宇宙诞生自一个哲学的真空）[17]。这个哲学的真空跟 Higgs 机制太同构了。

在量子力学中，真空态（vacuum state）是粒子数为零的态，湮灭算符作用于其上本征值等于零，即 $a|0\rangle = 0|0\rangle$。在更高级的量子理论中，真空态是物质的基态。它指的是这样的时空区域，能量-动量张量的所有分量都为零，即此区域中没有能量-动量，也就没有携带能量-动量的粒子或者场。读者会奇怪，没有物质，没有物质携带的能量-动量，为什么这里会被称为是一个时空区域？这是否是数学上的 vacuous truth？

量子场论的基态（真空态）的图像完全不同于 $a|0\rangle = 0|0\rangle$ 定义的真空态。考虑到产生算符和湮灭算符关于真空的操作，$a|0\rangle = 0|0\rangle$，$a^+|0\rangle = |1\rangle$，$aa^+|0\rangle = |0\rangle$，真的容易理解"虚空之为虚空，就在于'生'是必死的，'死'是无所谓死的"（见木心《素履之往》）。量子不确定性加上产生与湮灭过程，意味着一个非常热闹的真空：粒子-反粒子对飞快地产生又倏然而逝！Volovik 把粒子物理的真空看做仿佛是处于平衡态的冷量子液体；在一本书的第一页上说"量子真空，也称为以太、时空泡沫、量子泡沫或普朗克介质"[18]。这个热闹的

真空态伴随着电荷涨落、零点能涨落、粒子数涨落等概念。这样的 vacuum 是一锅煮沸的汤。如果你觉得这个概念不好理解，参见中国大地上佛门里的疯狂腐败你就多少能明白点。

基于量子涨落的概念，人们编排出了很多有趣的故事。真空涨落的概念允许虚粒子-反粒子对的产生，这些涨落而来的粒子的效应是可测量的，比如电子因为真空涨落造成的有效电荷就不同于其"裸"电荷，据说有人测量到了这个效应。然而，我们也学过这样的理论，电荷的量子化是和群论有关的，电荷是某种指标[19]，是很刚性的量。在量子化的麦克斯韦方程中，其中的电荷可都是常数——确切地说，是参数。那些测量得到电子电荷有因真空涨落带来的有效电荷的所谓实验，莫不是和涨落理论在唱双簧吧？理论与实验固然是内在关联的，但毕竟不能忘记理论和实验也最好能为对方提供独立的、互相校验的对手，那样的实验对于理论的验证才多少有点说服力。

量子涨落或者真空涨落（vacuum fluctuation），即在空间的点上存在能量随时间的变化，据说根据的是海森堡的那个 uncertainty principle（不确定性原理）：能量守恒可以被违背，但是只能是在那个原理给出的小的时间范围内。可以说，提出真空涨落的动机是为了解决无中生有此一重大的哲学和物理学问题，但是依据所谓的海森堡不确定性原理来解决这个问题，显然是把问题看得太简单了，此外其理论物理的功底也让人感到不踏实。

首先，对于时间-能量，就没有 $\Delta x \Delta p \sim \hbar/2$ 意义下的不确定性关系 $\Delta t \Delta E \sim \hbar/2$。甚至，基于海森堡1927年文章演绎的所谓不确定性关系从根本上就是荒诞的，不确定性关系不过是函数傅里叶变换之 support 之间的对偶关系。它未必反映在物理世界里，尤其是未必出现在省略掉或缺失相应的严格数学结构的物理理论中！那些使用这个关系的人，基本上不愿意去正视这里的 Δ 的意思。在没有弄懂时间的概念，确立时间作为物理量的本质之前，就算是 Δ 的定义都是如 Robertson 导出关系 $\Delta x \Delta p \sim \hbar/2$ 所使用的那样，这个 nonsensical 的不确定性关系也没有任何意义[20]。今天，终于也有别人敢指出这一点了[21]。

从（寂静的）真空态中，产生粒子，正是老子所说的无中生有的问题。为这样的根本性的哲学或者物理问题构建数学的描述，不可能是一蹴而就的事情，这一点科学家应该有清醒的认识。量子论通过真空涨落去消除物质与虚空的界限。构造了一个不断产生粒子-反粒子对的热闹的真空态,未必不是一个很聪明的主意。但是,没必要非要硬拉一个没有底气的不确定性原理来作支撑,它只会带来心理上的自我安慰而不会带来物理的实质。实际上,量子场论中连坐标也是参数,Robertson 意义下的 $\Delta x \Delta p \sim \hbar/2$ 也是无法得到的。"确实,不同于牛顿的真空,那是 pure emptiness,现代物理的真空具有和物质介质共同的特征。我们错把它当成 nothingness。"[12] 据说现代物理的真空拥有如下四个关键性质:规范相互作用,费米统计,手性费米子和引力。但引力也不是俗世里的问题,它不过给出空间的定义而已。为这样的真空构造数学严格的理论体系,除了聪明才智以外,耐心也是必需的。

相对于一个一直匀加速的观察者的真空热化(thermalization of the vacuum),被称为 Unruh effect[10]。Unruh 字面上还是德语名词,即"烦躁,不平静",真是难得的巧合。这个概念太难,此处不论。

与 vacuum 有关的动词是 evacuate,即 to empty,是将一个地方的东西或者人清空,汉译"疏散(人)、清空、抽空"。被 evacuate 的人或物,就是 evacuee,同义词有 refugee(难民)。有篇科幻文章讲述地球灭亡后进入太空寻找新的落脚点的难民,不停地 called out into space, in the hope of making contact with some other evacuees。这里的 evacuee 一词用得伤感,他们不仅仅是 evacuated 的,而且来到了无尽的 outer space,真得处于 vacuum 中了,四周近处肯定是笼罩着 nothingness。不知科幻作家如何靠幻想引导人们走出这 hopelessness?

Evacuate 有个近义词 deplete。半导体器件中常有因为扩散或者外场作用造成的载流子密度较低的区域,称为 depletion layer(抽空层,耗尽层)或者 space charge layer(空间电荷层)。

7. Plenum

谈论原子论、真空、空(void),就不能忽略 plenum 这个字。Plenum 是拉丁语形容词中性形式。Plenum 在英文中作为名词指充满物质的 space,与 vacuum 相对。如果 vacuum 可译成佛门的真空的话,plenum 就是佛门的圆满。据说玻意耳曾试图用光颗粒说(corpuscularianism)来阐明 vacuum 与 plenum 之间的区别。在一般的气体物理中,气体部分地被抽空的地方称为 vacuum,

而气体集中密度比外部环境还大的区域称为 plenum，这也是有的英汉字典把 plenum 翻译成高压的原因。由 plenum 而来的英文形容词有 plenty（大量的），plenary（齐全的。plenary session，也作 plenum，全会）。

亚里士多德反对宇宙是原子加空的观点，而倾向于认为宇宙是一种 fundamental plenum（根本性的圆满），是 plenum of matter（物的圆满）。其实这也是一种关于 space 的连续观点与分立观点的冲突。亚里士多德的观点是 plenism，即物质空间论。对原子论的 plenic interpretation（物质空间论的诠释）剔除了 void 的存在："The plenum contained with it the pregnant possibility of everything. From this cornucopia issued forth all that was substance（原初的圆满孕育一切的可能，从这聚宝盆里涌出那些实体）。"

莱布尼茨从 substance①（本体）与行动统一的原理出发得出的实体概念是一个力的连续统（continuum of force），因此这样的实体是 dynamic plenum（力的圆满），而不是物的圆满。后来人们干脆就用 force plenum 的概念[10]。这应该是场论的一个思想基础。

爱因斯坦 1905 年建立了他的狭义相对论。狭义相对论不需要以太这种 underlying substrate 作为参照，因此他认为 empty space 构成了真正的空洞（void）。等到他用弯曲空间建立起广义相对论时，他不得不改变观点，认为空间是内涵丰富的 plenum，并给它一个新的标签：时空度规[22]。

由 plenum，plenism 容易想到一个词 holism（整体论）。整体论的英文为 holism，来自拉丁语 holos（full，plenum），认为有机的整体具有独立的实在性，不会简单地通过理解其组成单元就能达成对整体的理解。Holism 的观点与近日流行的关于 emergent phenomena②（骤生现象）的观点很接近。注意，holism 虽然看上去和 whole 意思接近，但 whole 来自德语的 heil，健康的、完整的意思；holism 字面上更接近 hole，但 hole 来自 hollow。请勿望文生义。

---

① Substance，underlying substrate 的意思，是表观层面以下的东西，汉译"物质、物体、实体"无法传达其本义。
② Evolve 是旋转着冒出来，evolution 汉译"演化"。emerge 就是突然冒出来，有学者提议翻译成演生。个人比较倾向于翻译成骤生，谓在一定层次上，当个体数目大到或者相互作用复杂、增强到某个程度时突然冒出。

8. 结语

归于形的存在,如我他,如蝼蚁,如草芥,从来都是空的。聚而成形,散而归空。当尘归尘、土归土的那一刻来临时,人是能深刻地理会万物皆空的道理的。宏观层面存在物之成形与归空,可看做是微观粒子之聚散(物理学家们当下是以产生算符和湮灭算符来糊弄的)。那么,微观粒子也是其下一个层面聚集而来的吗?物理学家们认为是这样的。按照质量等于下一层粒子之质量加上能量的逻辑一路下去,$m_i = \sum m_{i-1} + \Delta E_{i-1}$,如将这个逻辑有限截断的话,必有一个层面的粒子质量仅来自于下一个层面之能量的结论,这是 Higgs 机制的逻辑基础。纯能量的存在算是空吗?那证明这"空"之确凿的许多所谓努力和成就,恐怕有许多"空"的成分吧。

我的一个小朋友说:"承受不了的是空,是虚无,是回看来路,一切都渐渐蒸发……"深刻得真实。电影《梅兰芳》有句台词:"多大的繁华到头来都是一场虚空。"那是因为繁华是 emergent phenomenon。Emergent property 大约是佛家的空性。当组装体解体归于其组成单元后,emergent property 自然皆归于空。

补 缀

1. 读到关于东方的空(间)的概念,照录如下:The minimalist(简约主义)vocabulary of Asian art that sees open space not as an empty void, but as an arena filled with possibilities. This point of view is succinctly explained by author Leonard Shlain in his book, Art & Physics:[It is an] ancient Eastern idea that empty space is alive and procreative…The large empty spaces contained within an Asian work of art are a representation of this idea. In contrast to a homogeneous Euclidean space that never changes, the Eastern view suggests that space evolves.

2. Frank Wilczek 在 The Persistence of Ether(Physics Today, 1999, 1:11-12)一文中提到他曾问费曼:Doesn't it bother you that gravity seems to ignore all we have learned about the complications of the vacuum? 费曼答道:I once thought I had solved that one. I had a slogan:"The vacuum is empty.""真空是空的",这句话是冲着真空充满各种场的观点说的。

3. 据说又发现了新的星系团，the Laniakea galaxy supercluster。Laniakea 来自夏威夷语，大致意思是 spacious heaven。宇宙整体上是空旷的，即 the vast emptiness of most of the cosmological void 之谓也。

4. 提出 Unruh 效应的三个人之一为加拿大人 William George Unruh，这也太巧合了。还有一个巧合是 AB 效应，即 Aharonov-Bohm effect，是关于 $B = \nabla \times A$ 中的磁矢量 A 是比磁感应强度 B 更基本的物理量此一论断之验证的。

5. 《太平广记》云："（龙）遂振迅修形，脱其体而如虚无，澄其神而归寂灭，自然形之与气，遂其化用，散入真空。"

6. 有来自无，那无也是真实的存在。

7. 刘畅《锁骨菩萨》："你讲了一通爱欲皆空的道理，可对我这生活在虚无时空中的人来说，本就是一切皆空，留下些爱欲的痕迹任它成空又何妨。"

参考文献

[1] 阿部正雄. 禅与西方思想[M]. 王雷泉, 张汝伦, 译. 上海: 上海译文出版社, 1989.

[2] 刘慈欣. 三体[M]. 重庆: 重庆出版社, 2010.

[3] Vignale G. The Beautiful Invisible[M]. Oxford University Press, 2011: 171. 中译本《至美无相》.

[4] Bojowald M. Back to the Beginning of Quantum Spacetime[J]. Physics Today, March 2013: 35-41.

[5] Brown D. The Lost Symbol[M]. Anchor, 2012.

[6] Pressler D. The Greatest Math Error[J]. Guest Comment in Journal of Theoretics, 2003, 5: 1.

[7] Bloch E. The Principle of Hope[M]. The MIT Press, 1995. 中译本《希望的原理》.

[8] Wrigley S S. A Long Way from Home[J]. Nature, 2014, 511: 502.

[9] Schlain L. Art & Physics[M]. Harper Perennial, 2007: 160.

[10] Cao T Y. Conceptual Developments of 20th Century Field Theories[M]. Cambridge University Press, 1997.

[11] Wilczek F. The Dirac Equation[J]. Inter. J. Mod. Phys. A, 2004, 19(supplement):45-74.

[12] Rothman T. Everything's Relative[M]. Wiley,2003:15,172.

[13] Ball P. Flow[M]. Oxford University Press,2009.

[14] Greene B. The Fabric of the Cosmos[M]. Vintage Books,2004.

[15] Sorensen R. A Brief History of the Paradox[M]. Oxford University Press,2003:105.

[16] François Rabelais. Gargantua and Pantagruel（拉伯雷《巨人传》，版本众多）.

[17] Manin Y I. Mathematics as Metaphor[M]. American Mathematical Society,2007:24.

[18] Volovik G E. The Universe in a Helium Droplet[M]. Clarendon Press,2003.

[19] Sternberg S. Group Theory and Physics[M]. Cambridge University Press,1995.

[20] Dvoeglazov V V. Einstein and Poincaré:The Physical Vacuum[M]. Apeiron,2006.

[21] 曹则贤. 物理学咬文嚼字 044:Uncertainty of Uncertainty Principle[J]. 物理,2012,41(2):119-124;41(3):188-193.

[22] Dumitru S. Do the Uncertainty Relations Really Have Crucial Significances for Physics? arXiv:1005.0381,2010.

[23] Puthoff H E. Can the Vacuum be Engineered for Spaceflight Applications? NASA Breakthrough Propulsion Physics, Conference at Lewis Res. Center. 1977.

之六十六　　参照系？坐标系！

> 西北望长安，可怜无数山。
> ——辛弃疾《菩萨蛮·书江西造口壁》
>
> 孔雀东南飞，五里一徘徊。
> ——《孔雀东南飞》

摘要　Coordinate system 汉译"坐标系"，但 reference frame 被译成"参照系"似有不妥。弄懂了数学的 coordinate system 与物理的 reference frame 概念上的区别，相对论或许不会那么难懂。

一、引子

某老先生 60 岁，和他 59 岁的老伴阴差阳错竟然也入了天堂。上帝问他有什么愿望。老先生说："我一辈子净逼着别人让我服务来着，也没享受过生活，我想到处去逛逛看看风景。"上帝应允了他，给了他一堆钱和机票，说："你们可以开始旅游去了。"老先生说："我还没说完呢，我的愿望是想和一个年轻 30 岁的异性一块去旅游。"上帝说："这没问题啊。"于是，老先生变成了 89 岁。

这个故事引出了一个重要的事实，即人们谈论关系时常常需要参照的对象。参照问题是语言的一个要素[1]，对参照问题的语言处理远在物理学出现之前。在物理学中，论及时空关系时，选择合适的参照物或参照点是必然的。这就引入了一个关键性的物理概念 reference frame 或者 frame of reference。

《六祖坛经》记载一个故事：(六祖)遂出至广州法性寺；值印宗法师讲《涅槃经》。因二僧论风幡义，一曰风动，一曰幡动，议论不已。惠能进曰："不是风动，不是幡动，仁者心动。"此典故历来议论者众，多谓其直指大乘佛教之万物皆空、一切心造的根本教义。不过若从物理的眼光看来，风动幡动之争或可与量子力学的海森堡表示（representation 或 picture）对薛定谔表示相参校，本质上还是与物理学中的 reference frame 问题相关。

二、坐标系

说起坐标系，那要从数的性质谈起。数分 cardinal numbers（基数）和 ordinal numbers（序数）。基数用于计数或者比较多少，如一个集合所含元素的数目就称为该集合的 cardinality，汉语用集合的"势"予以搪塞，这当然和另一个势 potential 易混淆。数学里到处都有 nilpotent（nil + potence）的对象，那是环的元素的一个基本性质，汉语翻译成"幂零"，字面上干脆置 potence 于不管不顾，不知译者是怎么想的①。序数用于表示顺序，语言中有序数词如第一、第二等说法，而数学上的 ordinal number 是有序集合的有序类。Ordinal number 是 Georg Cantor 于 1883 年引入的，用集合的某种有序结构来对集合进行分类。具体的数学笔者不懂，但有一点是清楚的，ordinal number 和顺序 order 有关。

考虑一条笔直的线，从某参照点（reference point）开始用距离表示位置，则这些数字之间不仅是大小的问题，还有空间上的顺序。这样的一条线，就是拉丁语所谓的 linea ordinate applicata，即 line applied in an orderly manner（以某种有序的方式应用的一条线），此乃坐标轴的原型。Ordinate 如今被当作笛卡尔坐标系中的 y-坐标。笛卡尔当初想给天花板上那只讨厌的苍蝇定位，只有一条有序的线是不够的，他需要两个序数一起来完成这个任务，所以有 co-ordinates 的说法（co-，拉丁语 together，一起）。把两条 ordinate 的线垂直相交，就构成了笛卡尔的平面坐标系（Cartesian coordinate system），水平轴上的

---

① 一个随意的翻译往往会把原概念的科学内容丢弃甚或歪曲，好象数学领域一点也不比在物理领域中更不严重。

序数（horizontal coordinate）为 abscissa，垂直轴上的序数（vertical coordinate）为 ordinate。当然，也很容易把 co-ordinate system 扩展到三维情形。我们说坐标①系，co-ordinate system 或者 coordinates，是因为它确实包含多个元素（（多重的）方向、尺度度规等），是不同元素构成的一个有机体系。

汉语的系，作为名词出现在谱系、世系、星系、嫡系、语系等词汇中时其所指对象数目是多个的，这一点同其作为动词具有连、关联、维系的意思相一致。英文的 system，来自希腊语 σύστημα，其动词本义为 to place together，正是联系、维系之意，所以系统是 system 的绝佳翻译。系和 system 在数学和物理语境中随处可见，系综一词在统计物理中还被用来翻译 ensemble。在考察这些词的准确含义时有一点是必须明确的，即其所指对象是多个（重）的。

三、坐标系变换

对于一个给定的空间，坐标系的选取存在多种可能性。对于二维欧几里得空间，就有笛卡尔坐标系、极坐标系②或者还有不太常见的椭圆坐标系（elliptic coordinate system）等选项；对于三维欧几里得空间，存在笛卡尔坐标系、柱坐标系、球坐标系、椭圆柱坐标系（elliptical cylindrical coordinates）和旋转椭球坐标系（ellipsoidal coordinates）等选项。选取不同坐标系，本身更多的是出于物理的考虑。一个显见的例子是，选择了接近物理现实的数学，物理就能被简单地表述。考虑一些坐标系选择与物理问题的关系，以及历史上如椭圆这种几何体之不同数学表述与相关物理问题之间的关系，笔者逐渐坚定了一个信念："数学是物理的（mathematics is physical）。"比如，椭圆坐标系是一个正交坐标系，由一组椭圆和一组双曲线（都是共焦的）来表示平面上的点（图1）。显然，那两个焦点定义了这个有点特殊不均匀性的空间。如果考虑由两个对称物

---

① 汉语用坐标或者座标翻译 co-ordinate，实际上是翻译了 ordinate 而没管 co-。这个翻译是体现了文化的，座位的排列事关顺序，是马虎不得的，身在梁山的人们都有深切体会。英文的 president，德文的 Vorsitzender，其实就是前（pre-，vor）坐（sit，sitzen）或者首坐（座）大人。
② 由于学习顺序的问题，笔者有个错觉，以为极坐标系的出现要比笛卡尔坐标系出现得晚。一个极坐标系包括极点（pole），沿 polar axis 的长度是 radial coordinate，角度坐标是 polar angle、angular coordinate 或者 azimuth（阿拉伯语 the way，the path）。据说古希腊的天文学家、星象学家 Hipparchus（公元前190—前120）已经使用极坐标表示恒星位置了。有兴趣的读者可以参阅 Julian Lowell Coolidge, *Origin of Polar Coordinates*, *American Mathematical Monthly* 59（2），78-85（1952）。

理存在所规范的空间中的物理问题,比如两个质子约束下的电子(即氢分子离子 H_2^+)的量子力学问题,选择这样的坐标系会使问题适当得到简化。

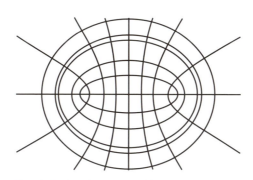

图1 椭圆坐标系。共焦的一组椭圆和一组双叶双曲线提供了对平面的定标

然而,毕竟坐标系的选择不具有强制性,选择不同的坐标系不应该改变空间或者相关物理问题的实质。为一个空间选择不同的坐标系,则一个空间的点在不同坐标系下的坐标应该有一一对应,这是不同坐标系下坐标变换必须满足的条件。相应地,算符,包括 nabla 算符、拉普拉斯算符、达朗伯算符等,在不同空间坐标系中的表示也需要理解掌握。比如,三维空间的拉普拉斯算符,在笛卡尔坐标下形式为 $\nabla^2 = \frac{\partial^2}{\partial x^2} + \frac{\partial^2}{\partial y^2} + \frac{\partial^2}{\partial z^2}$,而在球坐标系下形式为

$$\nabla^2 = \frac{1}{r^2} \frac{\partial}{\partial r} \left(r^2 \frac{\partial}{\partial r} \right) + \frac{1}{r^2 \sin\theta} \frac{\partial}{\partial \theta} \left(\sin\theta \frac{\partial}{\partial \theta} \right) + \frac{1}{r^2 \sin^2\theta} \frac{\partial^2}{\partial \varphi^2} \text{。}$$

其实,在一般的曲线坐标系 (ξ^1, ξ^2, ξ^3) 中,

$$\nabla^2 = \nabla \xi^m \cdot \nabla \xi^n \frac{\partial^2}{\partial \xi^m \partial \xi^n} + \nabla^2 \xi^m \frac{\partial}{\partial \xi^m},$$

球坐标不过是一特例而已。教科书教人们球坐标系、柱坐标系下的形式而不教一般形式的推导,似有不妥。

坐标系是一个数学概念,可看作是描述观察的语言选择。选择好的坐标系能充分照顾到系统的对称性。即对特定的物理问题,有些坐标系是好的选择。在经典力学分析中,人们变换广义坐标系以使得拉格朗日量尽可能多地不包括某些广义坐标,即拥有尽可能多的循环坐标(cyclic coordinates 或者 ignorable coordinates),循环坐标对应的广义动量是一个运动的守恒量[2]。我猜想,仍然不可能得到所谓的"三体问题"的精确解,那是因为没有找到正确的坐标系。

在不同的坐标系下,一个几何体是有不同的表达的。比如,椭圆在笛卡尔坐

标下方程为 $\frac{x^2}{a^2}+\frac{y^2}{b^2}=1$，但在极坐标系下是 $r(\theta)=r_0/(1+e\cdot\cos\theta)$，$0\leqslant e<1$。不同的表示方式看似对不同问题的解带来了方便，但是它也带来概念上的混乱，或者有些东西可能被丢了或者掩盖掉了。椭圆真要有两个焦点，或者一个焦点加一条准线吗？仔细想想，椭圆不该纯粹就是一个椭圆吗？为什么要让坐标系的引入带来形式上或者实质上的任何其他内容呢？类似抽象代数，也应有使用内禀（内蕴）几何语言、不依赖于坐标的几何学（coordinate-free geometry, synthetic geometry）。摆脱坐标系是几何研究的应有之意，在笛卡尔引进坐标系之前几何只能这么研究。矢量与张量计算，微分几何等都会采用独立于坐标系的处理，而基于坐标表示的矢量场可能反映的是关于坐标系选择的任意性。一个物理理论不依赖于坐标系的形式是广义协变原理的要求，据说自然喜欢那些若用无坐标几何语言表述会很简单的理论（Nature likes theories that are simple when stated in coordinate-free geometric language[3]）。

提醒读者注意，本节谈论的坐标变换，是关于一个参照点（坐标原点）的不同坐标系下的坐标之间的变换。

四、参照框架

Reference frame 汉译"参照系"，有些不妥。Refer，即 to relate or apply (to)，汉译"参考、参照"尚可；而 frame，是和 further, from, furnish 同源的词，指"有用的"东西，对应汉语的框架，例如 window frame（窗框），photo frame

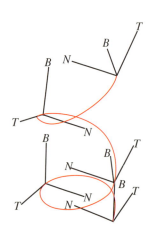

图 2　曲线上的 Frenet-Serret 标架是最简单的活动标架

（相框）等。Reference frame，愚以为还是应该译成参照框架可能更贴切。实际上，在别的领域，它也真是这么翻译的，比如 linguistic reference frame（语言参照框架）。Levinson 在 *Space in Language and Cognition* 一书中专门论及语言表述的空间参照框架问题，并且提出内在参照框架、相对参照框架和绝对参照框架等概念（似乎有时也和坐标系混在一起了）[1]。此外，frame 可作动词用，意思是构造、加框框，牛顿的名言 Hypotheses non fingo 有人就翻译成 I frame no hypotheses（我无意构造任何假设）。Frame 在数学中就是翻译成"标架"的。所谓流形的 moving frame（图 2），就是对矢量空间的有序基的灵活推广,用于研究镶嵌在均匀空间中的光滑流形的外部微分几何。这个概念对理解微分几何和相对论有用。

人类思维中普遍存在参照框架的概念。人类认知世界和描述世界,运用参照框架可以说是描述的开始。在判断不同的空间关系时,要选择不同的空间参照系。人们用别人的人生作为感叹自己人生的参照,把别人家的儿女拿来作为嫌弃自家儿女的参照,但是 the ultimate essence of life has no fixed set of reference points(但生命的终极本质没有固定的参照点集)。参照进入思维当然首先表现在空间描述方面:"出城往西八里地,有个村子叫陈家沟,庄东头有片柳树林,从柳林那块儿过河到对面,有一条进山的老官道,顺着官道往山里走到一个三岔路口,往右一拐就到咧。"这段话里不断变换着参考点和点上局域坐标系的形式,可当作广义相对论(至少是活动标架)的通俗版。

物理学处处需要参照物。固体物理的点群概念,就是研究相对一个固定参照点的空间分立变换。在热力学中,温标的制定是应用参照物的典范。所谓的摄氏温标,定义一个标准大气压(维也纳夏季的气压?)下水的沸点为 100 ℃,冰水共存的温度为 0 ℃,利用的就是水的沸腾和冰水共存这两个比较刚性的物理事件作为参照。相应地,华氏温标(由德国人 Daniel Gabriel Fahrenheit 制定)有三个参照点,定义水∶冰∶氯化铵(按 1∶1∶1 的组分,称为 frigorific mixture)的共存点为 0 F,冰水共存的温度为 32 F,人的体温为 96 F。当然,仅有零星参照点的温度值不足以构成温标,且被参照的物理事件是否对应固定的温度也成疑问,所以温标的概念随着人们的热力学知识增长要不断地被检讨,直到有一天我们有了依赖纯数学公式和光的行为的绝对温标。这个问题,可惜几乎没有热力学教科书讲明白过,也许作者就没对着温度计发过愣吧。

在量子力学中,人们会选择某个体系无相互作用的哈密顿量,找到它的解,然后将这解当作微扰论的参照(reference for perturbation theory)。甚至物理学习也是需要参照物的。Wilczek 写的 reference frame 系列文章,以笔者之见都是经典,与之比较会让人深刻地领会自己的浅薄。

物理学上改变参照点导致重大发现的惊天案例发生在开普勒身上。开普勒从第谷那里继承了关于火星的观测数据,其参照点当然在观察者的脚下,即地球上。这样的数据所绘出的火星轨道太复杂了些(图 3),不易破解其暗含的奥秘。当开普勒把参照点挪到太阳上重新绘制了火星(也许还有土星和金星)

的轨道时,他得到了一个单调的闭合曲线。这样的曲线,他后来认为是椭圆,让他以为猜透了上帝的秘密。想必你也能理解开普勒当时的狂喜:Nothing restrains me; I shall indulge my sacred fury (什么也不能阻止我,我要放纵我神圣的狂喜)。开普勒有理由狂喜进而狂妄。革命不是一件容易的事情,尤其是在科学思想领域。哥白尼的日心说看似是对地心说的革命,可是哥白尼的日心说中行星运动的参照点还是选在地球上。毕竟,关于行星的观测数据是从地球上获得的。这体现了思维的惯性。不过,这倒也说明了个人愚见:"我立足处,便是宇宙的中心。"愚以为这应该是构造物理学的出发点。这话有些狂妄,但是,配上了爱因斯坦的相对论思想,一切的狂妄就都消解了,因为别的点一样也是宇宙的中心,别的参照框架里也是一样的物理。开普勒把看待行星运动的参照点从自己的脚下挪到了别的地方,这是人类文明史上的一个伟大事件。

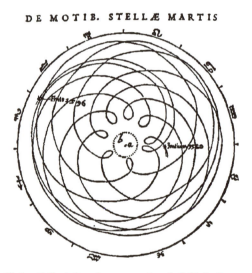

图 3　以地球为 reference point 的火星轨道

在经典力学中常提及的两个相对照的参照框架是实验室参照框架 (reference frame of laboratory) 和质心参照框架 (the center-of-mass reference frame),见于描述两体问题。在这两个框架中,总动量都是守恒的,但这两个框架中动量的值却不一样,也就是说不是不变量。对碰撞的实验研究,那测量设备可是大体固定的,在实验室框架中看问题是必须的;但是,在质心框架中,碰撞前两个物体各自的动量和碰撞后的动量都是相等的,即四个动量矢量都落在同一个圆上,这让理论分析简化了许多。在相对论中涉及的两个相对照的参照框架分别是静止框架和运动框架 (a moving frame)。静止参照框架,英文说法包括 rest frame of reference,rest frame,a stationary reference frame,a stationary frame of reference 等①。另外一对相对照的参照框架分别是惯性参照框架(inertial reference frame, inertial frame, inertial frame of reference)和非惯性参照框架(non-inertial reference frame, non-inertial frame, non-inertial frame of reference)。所有惯性参照框架内的物理定律取同样的形式。

找参照是一种习惯,但参照是必须的吗?物理学中没有参照点的运动是电磁波的运动。把麦克斯韦方程组改写成波动方程的形式,则波的速度为 $v = 1/\sqrt{\mu_0\varepsilon_0}$。但是,$\mu_0$ 和 ε_0 是两个在与运动无关的情景中总结出来的电磁效应常数,不涉及任何运动的参照物。这难道意味着电磁波的速度,即光速,是不依赖于任何参照框架的?爱因斯坦接受了光速相对任何观察者为常数的结论,并把它当作狭义相对论的公设。光速相对任意观察者不变有些人觉得不易接受。笔者以为,这个现象的正确表述或许是"光的世界里没有参照框架(There is no reference frame in the world of light)"。

注意,每一个参照框架携带了一个空间(it carries a space)。不同参照框架内两个坐标系之间的坐标变换,与同一个参照系中选取不同"表示"的两种坐标系之间的坐标变换,看起来应属于两类性质不同的坐标变换。当然了,(弯曲)空间中一点到另一点的曲线坐标变换会把这两者结合起来,那么连接(connection)的概念就是必须的了。

五、参照系、参照框架混乱的来源

把 reference frame 误译为"参照系"不单是中文译者的错误,英文中类似的混淆也是有的,且多种多样。在例句 set up a Cartesian coordinate frame in a system that follows the rules of general relativity(根据广义相对论规则在系统里建立起一个笛卡尔坐标框架)中冒出了 coordinate frame;在例句 The transformation is a change of reference frame, a new coordinate system 中,参照框架变化被简单地等同于新的坐标系[4]。还有把坐标、框架和数据纠缠在一起的,如 an observer needs a coordinate frame(the x, y, z axes)to

---

① Rest reference frame 的说法少见,可能是因为可读性差的原因。

register his data[5]。不过，地理学上是有 coordinate reference system 的说法的，用于定标。一个 coordinate reference system 定义一个特定的 map projection（地图投影），有时也被简单地写成 coordinate system，此处不详细讨论。当然了，牛顿介绍他数学原理第三卷时说 It remains that, from the same principle, I now demonstrate the frame of the system of the system of the world（指引力理论），这里的 frame of the system 就是理论系统的框架而已，与参照框架（系）无关。

物理学中的参照系、参照框架混用可能有其历史的原因。在德语里，reference frame 是 Bezugssystem，分明就是参照"系"。在法语里则既有参照框架（cadre referential）也有参照系（système référentiel）的说法，但法语对参照框架的解释非常到位（Ensemble structuré d'informations utilisé pour l'exécution d'un logiciel et constituant cadre commun à plusieurs applications），它把参照框架表述为信息之结构整体。在法语中人们还会用 repère 一词，如 repère mobile（活动标架，即英文的 moving frame），point de repère（标记点），而该词强调的是标记和定位。

如何正确认识参照框架和坐标系这两个概念及其相互的关系？维基百科中 frame of reference 词条有一段发人深省：必须区分数学的坐标集（sets of coordinates）与物理的参照框架，忽视这个区别是混乱的源头。依赖性的函数如速度是相对于物理的参照框架被度量的；但方程如何写所依赖的数学的坐标系却是可以任意选择的。……时空、静止与同时性的问题涉及的都是参照框架，但是坐标系的另一种选择只是数学问题①。So frames correspond at best to classes of coordinate systems（不同框架至多对应不同的坐标系类）。必须强调一点，一个 reference frame 并不一定要提供坐标系。

六、相对论与参照框架和坐标系

相对论字面上就是关于参照框架和坐标系的学问。相对论也是参照框架、参照系和坐标系概念混淆的重灾区。在爱因斯坦 1905 年文章的英译本中有句

---

① 狭义相对论中两个相对运动的惯性参照框架中时空坐标的洛伦兹变换，也可看做是同一个参照框架中一个 $(x, y, z; ict)$ 坐标系的转动——这个坐标系不是欧几里得空间或者闵科夫斯基空间里的坐标系。

云:The laws by which the states of physical systems undergo changes are independent of whether these changes of states are referred to one or the other of two coordinate systems moving relatively to each other in uniform translational motion。状态被描述为相对此一或彼一坐标系,但确切地说应该指的是此一框架中的坐标系和彼一参照框架中的坐标系。再举一例,The laws of nature must hold good for all systems of coordinates(自然定律必须在所有坐标系中成立),这里的 all systems of coordinates 应理解为不同参照框架里的坐标系类。这样的表述充斥相对论的文本,初学者难免因此而生误解。自然定律在所有参照框架中的不同坐标系类中都成立,那难道就没有择优参照框架? 这是相对论引力理论要讨论的问题[6]。

相对论断言物理定律独立于观察者,即表述物理定律的方程在所有框架里要有同样的形式外观,即在变换下是 covariant 的。那么,这变换,不同参照框架上坐标系之间的变换,所关联的是同样的坐标系吗? Galilean 变换 $x' = x - vt; t' = t$ 和洛伦兹变换① $x' = \dfrac{(x-vt)}{\sqrt{1-v^2/c^2}}; ct' = \dfrac{(ct-xv/c)}{\sqrt{1-v^2/c^2}}$ 至少是这样的。

许多的 frames of reference 应该构成一个系统,在文献中确实有 a system of reference 的说法,照笔者的理解,这确实是指参照系,是一个参照框架的系统。在某个参照框架中,两个事件的时空坐标$(x_1, x_2, x_3; ict)$是一样的;在另一个参照框架中,两个事件的时空坐标$(x'_1, x'_2, x'_3; ict')$也是一样的,这样我们就满足了广义协变性的要求[7]。不同参照框架中的时空坐标之间的变换就构成了狭义和广义相对论的内容。广义相对论中的变换是关于加速(与引力等价)坐标系的变换。

七、结语

参照框架引入物理学是一种物理的必然,而坐标系作为一种数学手段为单一参照框架下对运动的描述,以及为不同参照框架中运动甚至物理定律的变换研究,提供了手段。理解了参照框架的物理属性与坐标系的数学属性,物理学

---

① 其实是法国人 Woldemar Voigt 于 1887 年提出来的。我这里把它写成这样的形式是提醒读者这是 $(x; ict)$坐标系向$(x'; ict')$的转动。这里似乎消弭了涉及两个参照框架的问题,或者参照框架的问题被纳入到转角里了。

的天空可能会清朗一些,至少相对论的文本看起来不再那么云山雾罩。

▷ 补 缀

1. 爱因斯坦有框架理论(Entwurftheorie),不要把那里的框架和 frame 弄混了。
2. 还有 sidereal coordinate system,celestial coordinate system 的说法。
3. They (invariants and conservative quantities) are related but not synonymous. 不变量是针对不同的参照框架的,而守恒量是在一个参照框架下不随过程改变的量。狭义相对论中,光速脱离了对参照框架的依赖,是不变量。
4. 1915 年 11 月爱因斯坦的场方程首次报告后只两个月的时间,Karl Schwarzschild 就给出了一个解,但是该解在所谓的 Schwarzschild 半径处有奇异性。1924 年爱丁顿发现使用 Eddington – Finkelstein coordinates 作变换后,奇异性消失了。直到 1933 年,Georges Lemaître 才认识到类似的奇异性是 unphysical coordinate singularity。
5. 考虑变换时,一定要记住这两个法国人:左为 Legendre,右为 Fourier。

6. 坐标系的实际物理转动,预设了某种不会变形的刚体且要求超距作用。
7. The idea of a close coordination in which theories guides experiment and experiment tests theory was not generally understood at this time. 理论指导实验,实验验证理论,这种关系为 close coordination。互为定位? 互为拱卫?
8. 爱因斯坦在 Zur Elektrodynamik bewegter Körper,*Annalen der Physik* 322 (10), 891—921 (1905) 一文中就一直使用 Koordinatensysteme (坐标系)一词,但是实际指的是参照框架。爱因斯坦还把牛顿力学成立的参照框架定义为"ruhende system",即静止坐标系(静止参照框架)。可惜,这一点竟然被众多转述相对论的书给忽略了。

[1] Levinson S C. Space in Language and Cognition[M]. Cambridge University Press,2003.

[2] José J V,Saletan E J. Classical Dynamics[M]. Cambridge University Press,1998.

[3] Misner C W,Thorne K S,Wheeler J A. Gravitation[M]. W. H. Freeman,1973:302-303.

[4] Neuenschwander D E. Emmy Noether's Wonderful Theorem[M]. The John Hopkins University Press,2011.

[5] Kerson Huang. Fundamental Forces of Nature[M]. World Scientific, 2007:26.

[6] Nordtvedt Jr K,Will C M. Conservation Laws and Preferred Frames in Relativistic Gravity Ⅰ,Preferred-Frame Theories and an Extended PPN Formalism; Ⅱ,Experimental Evidence to Rule Out Preferred-Frame Theories of Gravity [J]. The Astrophysical Journal,1972,177:757 (Ⅰ) & 775(Ⅱ).

[7] Einstein A. The Foundation of the General Theory of Relativity [M]. Dover,1952:117-118.

之六十七　势两立

> 故兵无常势,水无常形……
> ——《孙子兵法》
>
> 弓弩,势也。
> ——《孙膑兵法》
>
> 要说他的危险,就是无权无势。
> ——《神枪手》

摘要　势是最基本的物理量。势是一种能力,源自相互作用。懂了"势",就懂了生活和物理学的大部。

西文物理学概念在转入中文语境的过程中多有扭曲与误解,但也有一些例外。比如"能""力""位移"这些来自生活的术语,因为太贴近生活,中西文概念的含义并无明显的差别。另一个例子就是"势(能)"。势能是关于相互作用的抽象描述,故仍有"力"的影子。势,执力也,所以汉语有势力之说。而在西文中,势也和力相混淆,英文的 power, force 和 dynamic 等,和 potential 就是同源的。在有物理学之前,"势"就是个不可或缺的概念。汉语中由"势"字构成的词语俯拾皆是:声势、气势、权势、姿势、态势、趋势、情势、形势、势力、势利、趋炎附势①、仗势欺人、势成骑虎、势不两立、势不可当、势均力敌②、蓄势待发、因势利导、大势所趋、形势所迫、审时度势……稍加思考,就能体会到这些词语中暗含的物理思想。

中文对"势"的概念之运用是深刻的、普遍的。我国古代军事家孙武早就认识到形与势的关系及其军事意义。《孙子兵法》十三篇,其四为《军形篇》,其五为《兵势篇》,其中一些论述如"胜者之战民也,故若决积水与千仞之溪者,形也";"激水之疾,至于漂石者,势也";"善战者,求之于势,不责于人;故能择人而任势",等等,其中都可见早期朴素物理学的雏形,可作为物理学概念演化的证据。在政治层面,古人认为真正的大国应该从形、势、术三个方面看:"昔殷之辛,周之幽,据万乘之国,其势甚厚。"(《莺莺传》)势也被用来理解社会现象:"农赴时,商趣利,工追术,仕逐势,势使然也。"(《列子》)有趣的是,"势"的概念还被引入到文学理论,王昌龄《诗格》就有作诗十七势之说,如"直把入作势""都商量入作势",等等。

中文对"势"的概念理解也是相当物理的。《孟子·尽心上》云:"君子引而不发,跃如也。"这是说势发才有力的体现,这正和定义 $f = -\nabla U$ 相符。孔子为《周易》写的《象传》有句云:"天行健,君子以自强不息;地势坤,君子以厚德载物。"其中"健"应是"键",即"乾"字。这两句,顾名思义,是对乾和坤的定义,意思是"乾"乃指"天行",其重要特征是"自强不息",而"坤"指"地势",其重要特征是"厚德载物"。君,从尹从口,发号施令也,这里的"君子以"翻译成英文可作 it is characterized by 或者 of which the governing property is。若要翻译整句,愚以为可以译成:乾 is referred to the heaven in motion, which is characterized by self-sustainable action towards ceaselessness;坤 is referred to the ground with configuration, which is characterized by potential effort to host beings。③ 这里是朴素物理思想的又一次体现,行、不息,与 kinetic energy(动能)有关;势、载物,与 potential energy 有关。关于自然的基本思想

---

① 附势,可否解为 to move along the gradient of potential energy?
② 势均力敌才能达成平衡。两体系的热力学平衡,即处于均势,则子系统的热力学势涉及的各强度量都相互"力敌"。
③ 此句为象辞,解释天地的特征。果然孔子才是真大师。实在想象不出这句怎么能够被理解成赞誉或者鼓励某些君子的心灵鸡汤。

是超越语言的!

势能(potential energy)是在研究落体问题时于十九世纪提出来的。显然 potential 这个词源自古希腊哲学家亚里士多德的 potentiality 概念。Potentiality 是对希腊词 δύναμις 的拉丁化,这个词字面上是英文 dynamic 的词根,可以翻译为 potency, potential, capacity, ability, power, capability, strength, possibility, force 等,而这些概念人们在不同的物理语境中都会遇到。亚里士多德用 potentiality 和 actuality(现实性)这样的二分法原理来理解运动和因果。

Potential 本身也是形容词①,另一个形容词形式为 potent。Potent 来自拉丁语 potis (able) + esse (to be),词根 potis 有 master(掌控),husband(管理)的意思。物理上的 potential,指的是其梯度表示一个力场的函数,也写成 potential energy。即便是在物理学概念足够精细化了的今天,我们也容易看出 potential(势能)和 power(功率), energy(能量)与 capacity(容)等概念,谈论的其实都是能力。一个或者一组物体对空间别处的物体有作用,先前人们用力的概念描述,后来发现那力可以表述为某个标量函数的梯度,这个标量函数就是势能。势可以看做单个物体产生的一个场,带质量的粒子产生引力场,带电荷的粒子产生电磁场。在热力学中,人们要研究的是各种各样的热力学势,这取决于热力学体系要考虑的具体内容。对于只有体积改变做功的简单体系,焓 H、自由能 F 和 Gibbs 自由能 G 是三个导出的热力学势。

在物理学研究早期,势能是一种 unknown quality,是一种 the power of producing certain effects at a distance (在远处产生效应的能力)[1]。其实,势能来自相互作用,因此会被写成两体形式, $V = \sum_{i<j} v_{ij}$,是两立的②而非如汉语所言势不两立。如果写成 $V = \sum_{i<j<k} v_{ijk}$,那就是三体势了。三体势下的物理学,不知是什么样的世界。从两体势出发,可以得到一个与多粒子体系相互作用的粒子(test particle)在所处位置的势能。势能的改变不依赖于改变的路径,

---

① 英语语法中有 potential mood(可能虚拟语气),但现在通过助词 may, can, ought 和 must 得以完成。

② 不两立不成势。汉语的势不两立,是情绪化的表述。

它仅取决于多粒子体系中各粒子的相对位置,即构型(configuration)。因此,势,或者场,关于电荷构型的依赖关系,是电磁学教程中重要的一课[2]。图 1 为典型的球形物体通过平方反比力所造成的势场。

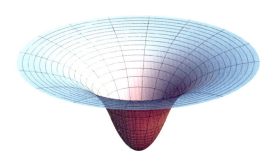

图 1 一个球体之引力势的二维切面图(z-方向表示势能的大小)

既然势的本源是相互作用,则我们从事实上就可以判断类似表述为 mgh 这样的势能只能是近似,或者是 emergent phenomenon(骤生现象)层面上的内容。虽然 m 和 g 指向了相互作用的双方,但是 h 不是两者关系的直观度量,其取值还带有一定的任意性。

势由(粒)子及其所处的位置,即形,共同决定,下棋的人都懂得这一点。中国象棋有"弃子取势"的说法,就是置弃子于不顾,将另一棋子放到关键位置上从而使得剩余棋子所占据的位置能形成"优势"。势乃位(configuration)之体现,故势和位相关联。战国时苏秦得志之后衣锦归乡,铺开三十里的排场高调显摆,还在豪车上感叹:"人生世上,势位富厚,盖可以忽乎哉?"当然,形(位)决定了势(静态),而势反过来决定了形的变化(动态),故还有随势赋形、因势利导的说法。从势对构型的依赖能够判断体系的变化趋势。这一点,不妨和经典力学中粒子运动方程 $m\mathrm{d}^2\vec{r}/\mathrm{d}t^2 = -\nabla U(r)$ 放在一起相参校。

前面提到势能是标量函数,这当然不全对,电磁学中就有磁矢势(magnetic vector potential)的概念。相较于比较平淡的电势(其和引力势几乎是可比拟的)——磁势或者磁矢势,则有更多的故事。因为存在高斯定律 $\nabla \cdot B = 0$,可

图 2 AB 效应的示意图。一束电子从螺线管周围通过，螺线管中电流改变对电子束干涉花样的影响可以判断充满空间的磁矢势 $\vec{A}$ 是否是真实的物理量

以引入一个矢量场 $\vec{A}$，要求 $B=\nabla \times \vec{A}$。但是磁矢势 $\vec{A}$ 并不唯一，对于任意的①标量场 m，$\vec{A}' = \vec{A} + \nabla m$ 都满足要求，因此电磁学有规范选择的问题。磁矢势的引入，带来了一个问题，即磁矢势是实在的物理量还是仅仅是数学上的便利？Aharonov 和 Bohm 于 1959 年提出了一个实验方案：在电子束干涉的路径上放置一个致密的、足够长的螺线管。根据电磁学理论，磁感应强度 B 只存在于螺线管内部（不影响电子束干涉花样②），而磁矢势是分布在整个空间中的。若改变螺线管中的电流能观察到对电子束干涉条纹的影响，即可证明磁矢势是实在的物理量。此即为 AB 效应（图 2），已为实验所证实。

从磁场的高斯定理到磁矢势的引入，背后的数学一般教科书上似乎鲜有介绍。在数学上，如果微分形式 α 的外微分为 0，$d\alpha = 0$，α 是一闭合形式（closed form）；若 $d\alpha = 0$，且 $\alpha = d\beta$，β 被称为"势形式（potential form）"，则 α 是一恰当形式（exact form）。由于 $d^2\beta = 0$，β 不唯一。我们在电磁学中因为 $\nabla \cdot B = 0$ 就引入 $B = \nabla \times \vec{A}$，实际上是假设磁感应强度 B 就是一个恰当形式，从数学的角度看这不严谨。对于可收缩的域，庞加莱引理保证闭合形式就是恰当形式。对于二维空间的情形，1-form 的一般表达式为 $\alpha = f(x,y)dx + g(x,y)dy$，其外微分为 $d\alpha = (g_x - f_y)dx \wedge dy$。要求 α 是闭合形式意味着要求 $g_x = f_y$；若进一步要求 α 是恰当形式，即 $\alpha = dh = h_x dx + h_y dy$，这意味着要求 $h_{xy} = h_{yx}$。数学上这就是复变函数里涉及的 Cauchy 条件，物理上反映的是势能函数对空间二阶微分的 $x-y$ 对称性，而这正是平面中电荷通过库仑作用产生的势所应该具有的特征。如此，容易理解为什么二维空间中的库仑势应是解析的复变函数。笔者当年上大学时一直为此困惑，就是因为数学跟不上。

---

① 其实不是任意的，至少量纲要合适。这个规范的存在，正表明磁场和电场不是独立的；或者磁矢势和除以光速的电势，其实是一个数学对象 $(i\phi/c; \vec{A})$ 的不同分量而已。

② 一定吗？

一个有势的体系，若是将其去势了，就变得 impotent 了。数学上有个类似的概念 nilpotent，即零势的[①]：对于环上的某元素 x，若存在整数 n，有 $x^n = 0$，则该元素是零势的。一个例子是方阵 $\boldsymbol{A} = \begin{pmatrix} 0 & 1 & 0 \\ 0 & 0 & 1 \\ 0 & 0 & 0 \end{pmatrix}$，它是零势的，因为 $\boldsymbol{A}^3 = 0$。不知道量子力学里的算符如费米子的产生算符 a^+，可否因为 $(a^+)^2|0\rangle = 0$ 也算作 nilpotent 的。Nilpotent，impotent，传达的都是无力之感。中国很早就有了对男人的一种惩罚或奖赏，就是去势，即从器官层面祛除男人的一项能力，分为被动的阉割和主动的自宫[②]。具体的操作过程隐藏在汉字"寺"中，其上面的"士"是男性生殖器的象形，而"寸"是指手腕处掩着一柄小刀。所以，周朝时就把阉割过的男人称为"寺人"。中国古代的读书人是统称为"士"的，如今叫做知识分子。"士"成了去势的优选对象，这好处甚至被固化到文字里面，真是知识（分子）莫大的幸运。好在中国的知识分子，从来都不缺乏自我阉割的意愿与勇气，则去势也不是什么不体面的事情。然则去势终究是一种损失。去势的人一旦得势，或者在别的维度上得势，难免会做出有悖人伦、格外残忍的事情，史书上多有实例。今日的学术界乱象，不过是再添一笔注脚而已。

势是一个来自生活的、体现深刻物理学思想的概念，是关于自然之描述的关键概念。自觉地运用与势相关的物理思想去理解现实中的社会现象，虽不中亦不远矣。当下社会的一个热点词汇是仇富。其实，那些穷苦人的看似非理性的行为，不是仇富或者仇恨权势，而是出于恐惧。在一个闭合的生存体系中，有权势的强者需要供压榨的弱者。对于一个演化的物理体系来说，某些过于强势的行为模式可能会让整个体系崩溃，而弱者会最先嗅到危险，因为死亡从他们开始[③]。弱势者有恐惧的权利，强势者和弱势者都有维持系统平稳的义务。

[①] 中文数学书中将之翻译成"幂零的"，似乎是从 $x^n = 0$ 出发得来的翻译，但没管字面本身的意思。汉译数学词汇里这种译法很多。

[②] 金庸《笑傲江湖》一书告诉人们，无来由的能力跃升只能是通过"辟邪剑法"实现的。辟邪，另辟邪径也。

[③] 这是我这些年作为物理工作者最深刻的体会。物理源自生活，信矣哉。

补 缀

1. One potential cannot correspond to two configurations? 或者说什么样的几何和相互作用下，configuration 不能唯一地决定势能？
2. 在经典物理文献中，力、势能、功、功率、动能，其用词常常还未分开。如 electromotive force 是电动势，活力（vis viva）其实就是 mv^2，thermodynamics 讲述热量与功之间的故事，而 Mayer 的 *Bemerkungen über die Kräfte der unbelebten Natur*（《关于无生命自然界中力的说明》，published 1842 in Liebig's Annalen）实际是在谈论能量。
3. 势能的概念简直就是物理学大厦的支柱。不愧是势利的人的物理学。所谓的四种基本相互作用，不过是几种势能的函数表达而已。或者，连函数表达都未能清晰地做到。
4. 鲁迅先生在《狗的驳诘》中有对话："你这势利的狗。""不敢，愧不如人呢。"
5. 李鸿章曾说："洋人论势不论理，彼以兵势相压，我第欲以笔舌胜之，此必不得之数也。"可怜，可叹。
6. 《明皇杂录》载："上（玄宗）素晓音律。时有公孙大娘者，善舞剑，能为《邻里曲》《裴将军满堂势》《西河剑器浑脱》。遗妍妙，皆冠绝于时。"所谓满堂势，言剑舞架势也。势曰满堂，可见其是个空间概念。

参考文献

［1］ Niven W D. Scientific Papers of James Clerk Maxwell［M］. Cambridge University Press, 1890: 564.

［2］ Artley J. Fields and Configurations［M］. Holt, Rinehart and Winston, 1965.

之六十八　形色各异的 meta-存在

> 现在是盗也摩登,娼也摩登,连赌咒也摩登起来,所以它新的名字叫"宣誓"。
>
> ——鲁迅《赌咒》

摘要　作为希腊语介词与前缀的 meta 释义繁杂。在 metaphysics, metamathematics, metamaterial, metamagnetism, metalanguage, metamorphism, meta-verse, metastable, method 等词汇中,此 meta 不同于彼 meta,不可一概而论。

引子

物理学努力要作出一副客观实在的样子,但是物理学家却永远是世俗中人。俗人的表现之一是希望借助外在因素来招揽对自己研究工作的注意,努力去为自己的研究对象找寻一些另类的、别致的名号。在英文物理文献中,可以用来凸显不俗的标签式前缀包括 hyper-, super-, supra-, ultra-, trans-, ortho-, para-, nano-, 及 meta- 等。一旦某个标签在某处一炮走红,它便会被贴得到处都是,非要弄到人见人烦的地步不可。由于 meta 与亚里士多德的大名以及哲学的关系,其作为标签尤显高尚气质。Meta 在西文文献中出现之频繁,以至于它被戏称为 portmanteau(皮箱子),什么玩意儿都往里面装;另一个讥讽的说法是 meta is a blanket term（meta 一词如同毯子），什么都要披着它。

作为介词与前缀的 meta

Meta，来自一个庸常的希腊词 μετά，作介词或者前缀用，不过却语义繁杂。其意义之一为变化（位置或者形状），这个意义下的词汇有 metathesis（又称 double replacement reaction，双置换反应，如 $AgNO_3 + HCl \rightarrow AgCl + HNO_3$），metasomatism（（矿床中的）交代变质），metachromatism（温致变色），等等。其二为 after 的意思，可和 post- 等价，见于 metencephalon（后脑），metapneumonic pleuritis（肺炎后继发的胸膜炎）等词。当然，它也有如同 behind, at the back 的意思。其三为 between，见于 metope（柱间壁），meta-gendre group（过渡性别人群）等词。热力学、量子力学中会遇到的 metastable，按字典的说法是 changing readily either to a more stable or less stable condition（随时准备变化到更稳定或更不稳定的状态），但这里的 meta- 可能也是取 between 的意思。A metastable state，汉译"亚稳态"，是物理学中常见的概念，指虽然不是系统的全局最低能量态但也离最低能量不远且寿命相当长的局域稳定态。Meta 最牛的意思当数 supposed analogy to metaphysics going beyond or higher, transcending: used to form terms designating an area of study whose purpose is to examine the nature, assumptions, structure, etc. of a (specified) field（据信类比于 metaphysics，有更高、超越的意思，用于为那些研究本性、假说、结构等内容的研究领域贴标签）。随便一个词，前面加上一个 meta，便立马别有品味起来——亚里士多德的魅力，还真不是俗人能比的。人文理论中随处可见 metalinguistics, metacriticism, metaquestion, meta-art 这样的概念，其具体何指、如何翻译，所幸不劳笔者操心。

汉语科技翻译的一大坏习惯是将某词汇只按照其自身的意思往汉语里硬性移植，而忘记了该词的词素可能在广泛的背景下被应用到不同的词汇中。这样的后果是，一个同一含义的词素在汉语中被翻译成不同的意思，或者同一词素的不同含义在汉译词汇中却又不加区分，或者区分得不那么准确。关于这一点，meta 提供了一个极好的案例。

可以试着分析几个带 meta 的常用词。Metaphor，暗喻，强烈暗示相似性。

暗喻不是把某物比作另一物,而是就看成是同一物,如夜幕、世界舞台的说法就是暗喻。然 metaphor 的词根 pherein 是动词(to throw,扔),本义是 to carry over(承载),从字面本义来看,也许能更好地理解 Manin 的 mathematics as metaphor 的说法——数学还真具有 to carry over 的功能。与此相对,metonymy(换喻)中的 meta 就是改换的意思。Metonymy 字面上就是换个名字,比如用白金汉宫代指英国王室。Metaphor 和 metonymy 作为不同的修辞手法,在前缀 meta 的意思上已经显现出来。

注意,因为在元音或者哑音前 meta 以 met- 的形式出现,有些词可能不易看出其也是带 meta 前缀的,如常见词 method。Method = meta + hodos,after a way,即循着某条路径,固有方法之说。在英文中,th 甚至被当成一个辅音了,自然很难看出 method 是有前缀的复合词。在意大利语中,前缀 méta 在具体的复合词中是写成 meta 的,但有和独立词汇 méta 与 metà 弄混的危险。Méta 作为独立的词汇是目标、终点的意思,见 passeggiare senza méta(无目标行进,漫步);而 metà 是一半的意思。汉语说老婆是另一半,或许是自意大利语的 la mia metà 直译而来的,因为使用汉字的汉人中的汉子,既没这个底气,也没这个境界。

Metaphysics

前面提到,前缀 meta 因为 metaphysics 一词而非同寻常①。Metaphysics,来自希腊语 τὰ μετὰ τὰ φυσικά,英文解释为 the [writings] after the Physics,汉语直译就应该是"置于物理学之后的(一些论述)"。这里提到的物理学以及其后的论述,谈论的都是亚里士多德的著作。亚里士多德(公元前 384—前 322),古希腊百科全书式的思想家,人类文明史上最博学的人,第一位天才的科学家(图1),一生著述繁多。有兴趣的读者可以参阅 Aristotelis Opera,其最新版本包括二十世纪才发

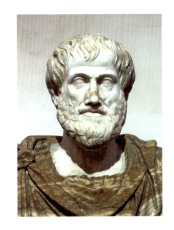

图1 亚里士多德胸像

---

① 这是否是说,真正有影响的科学、文化成就会反映到后世的语言中。中文的一个案例是李白的《长干行》,一首小诗为后人提供了两个成语:青梅竹马,两小无猜。

现的一些残篇,中文译本《亚里士多德全集》共十卷。尽管如此,人们依然认为亚里士多德的著作只有三分之一现存于世。

亚里士多德著作的编辑者,罗得岛的安德罗尼柯(Andronicus of Rhodes),把亚里士多德论述他名之为 first philosophy(第一哲学)的内容放到了关于 physics① 的篇章之后。这一部分安德罗尼柯称之为 τὰ μετὰ τὰ φυσικὰ βιβλία, the books that come after the [books on] physics(在论述自然科学的书之后的[书])。在亚里士多德自己的文章中,提及关于 metaphysics 部分的论著时用的则是 τὰ περὶ τῆς πρώτης φιλοσοφίας(the [writings] concerning first philosophy),即 metaphysics 乃是关于第一哲学的;与此相对,亚里士多德把关于自然的研究或者自然哲学称为第二哲学。后来的拉丁经院学派的学者把 metaphysics 误解为 the science of what is beyond the physical 或者 the science of the world beyond nature②。Meta 被理解成了 beyond,metaphysics 成了物理学之上的或者关于自然之上之世界的学问,于是就有了超越性(transcendental)的意味。有人根据《易传·系辞上》之"形而上者谓之道,形而下者谓之器"③的精神,把 metaphysics 译成形而上学,至于谁是第一个使用形而上学这个译法的,目前尚无确切证据④。有些地方干脆把 metaphysics 称为玄学,一段时间还把它混同唯心主义哲学并加以批判,结果使得形而上学在汉语语境里竟然带有贬义,让人情何以堪?

---

① Physics 不是今天意义上的物理学,应该按照自然科学的一般意义来理解。希腊语 φυσις, physis,就是自然;φυσικά,physical,就是"自然的"的意思。
② 拉丁学者对古希腊著作有相当多的误解如今都已经成为了西方文化的一部分。关于此问题,本咬文嚼字系列时有提及。
③ 子曰"君子不器",想必是因为器乃形而下的东西。但是,"不器"思想的泛滥,最终使得形而上的道成了无根的游魂,也就难怪在 metaphysics 出现的时代思想已是相当形而上的中国,到了也没有产生出科学。但今天,在也高调崇尚自然科学的中国,形而上的精神却又不见影了。
④ 梁启超在《格致学沿革考略》中将一切学问分为形而上学和形而下学两种:"学问之种类极繁,要可分为二端:其一,形而上学,即政治学、生计学、群学等是也;其二,形而下学,即质学、化学、天文学、地质学、全体学、动物学、植物学等是也。吾因近人通行名义,举凡属于形而下学,皆谓之格致。"严复在译著《穆勒名学》中云:"吾闻泰西理学,自法人特嘉尔之说出而后有心物之辨,而名理乃益精。自特以前,二者之分皆未精审。故其学有形气,名斐辑,有神化,名美台斐辑。美台斐辑者,犹云超夫形气之学也。"这里的所谓斐辑即 physis,美台斐辑,即 metaphysics。彼时中国学者之关于西方著述的论述,多属不通之论,当然今天也没好到哪里去。

Metaphysics 本质上是亚里士多德在柏拉图那里学到的 theory of forms（形的理论）①与常识和自然科学的观察之间的调和，其结果是经验科学的自然主义与柏拉图的理性主义之间的融合，这滋养了西方知识传统千余年。Metaphysics 一书的核心是三个问题：什么是存在，有哪些存在？为什么事物可以既长久地存在又不停地变化着？如何理解这个世界？② 后世的以康德、费希特、谢林、黑格尔等人为代表人物的德国哲学对形而上学情有独钟，努力让形而上学成为科学之科学，如康德著有《道德的形而上学》《自然科学的形而上学基础》，海德格尔著有《形而上学导论》[1]，等等。这些书以晦涩难懂闻名，笔者浏览过一些零星的英文和中文译本，其错译、误译之多令人咋舌——德国哲学的某些错译、误译是能改变一国之历史走向的。

在康德等人的眼中，metaphysics 从来都不是汉语贬义的形而上学或者玄学。Metaphysics is accurate and abstract; study of metaphysics is pleasurable to those with vigorous minds（metaphysics 是精确的、抽象的，metaphysics 的研习能够为那些思维活泛的人带来乐趣）。康德认为即便 metaphysics 也不应该忽视对自然之数学观察所获得的数据，metaphysics 应该与精确科学相参校。Energy（能量），power（功率），force（力），这些都曾是形而上学中的晦涩想法，但是也多亏 metaphysics 的磨砺，它们而今才成了物理学的基础概念。不信的话，可以读读唯物主义哲学家恩格斯的《自然辩证法》。

Metaphysical 思考，对物理学建立之重要性，怎样评价都不为过。热力学第二定律是物理学中最为 metaphysical 的定律，它在一不插入符号、二不依赖人造测量设备的情况下指明了世界的走向[2]。就热力学来说，其最基本的构造概念是广延量与强度量，康德关于广延量与强度量的 metaphysical 辨析，其深度是庸俗的物理学家所不能比的[3]。理解了康德笔下的强度量概念的 metaphysics，是领会绝对温度的门径。

---

① 薛定谔又有发扬，参阅其著作 Nature and the Greeks。
② metaphysics 对后世巨大影响的证据之一就是这种问三个严肃问题之范式的泛滥。1925 年秋，38 岁的薛定谔写下了这样一段自白："鄙人，38 岁，早已过了大多数伟大的理论家做出重大发现的年龄，担当着爱因斯坦曾经担当过的教席，who am I, whence did I come, where am I going（我是谁，从哪里来，到哪里去）？"（参见 Meine Weltansicht）。这三个深沉的哲学问题在今天的中国一遍遍地被保安重复着："你是谁？你来干吗？你找谁？"区别是，别国的学问家盘问自己，中国的学问家拿纳税人的钱雇保安盘问别人。

因为 physics 与 metaphysics 天然的、哪怕仅仅是字面上的关系，物理学家们也是 metaphysics 的研究者与思考者。哈密顿爵士在其著述中有很多关于 metaphysics 的讨论，他明确指出：A physical theory always reflects some world view that often has a basis in metaphysics…（物理理论总是反映一些常常是根植于 metaphysics 的世界观……）[4]。关于自然的形而上学是德国科学家们永恒的话题，莱布尼茨、爱因斯坦、魏耳（Weyl），概不能免俗，因为他们深信：Metaphysics, that's contemplation more deeply underlying nature than physics（形而上学，那是比物理更深入的关于自然的思考）。从这点来说，愚以为把 metaphysics 直接译成"后物理学"要比故弄玄虚的形而上学要有益得多。德语系的物理学家们，不管其对 metaphysics 抱持什么观点，都非常幸运地摆脱不了 metaphysics 的影响，这一点在奥地利的物理学家如马赫、泡利、玻尔兹曼、薛定谔等人身上表现得尤为明显。泡利的教父乃是马赫，因此泡利戏称自己为 baptized antimetaphysical（自洗礼时起就是反形而上学的）。而薛定谔在学术思想和谱系上都继承玻尔兹曼，其关于 metaphysics 的思考不输于任何专业的哲学家。他曾深情地写道：Metaphysics is like a far outpost in the land of an enemy, it is dispensable for defence of the realm but it is vulnerable and easily demolished（metaphysics 如同深入敌国的前哨，它对于国防是不可或缺的，却又是脆弱的，很容易被拔除）[5]。学术渊源，不服不行。物理学与形而上学之间的界限是模糊的，因此物理学难免深受 metaphysics 的影响，量子力学尤甚，因为其创始人多有深厚的 metaphysics 功底。二十世纪五十年代美国物理学界关于量子力学有 shut up and calculate① 的口号，不管什么原因出于谁人之口，都是缺乏 metaphysics 修养的体现。

形而上学，或曰通过思想把世界当成一个整体来看待的企图，从其一开始就是通过两种不同人性冲动之协调与冲突发展而来的，冲动之一促使人们落入神秘主义，另一个则促使人们走向科学[6]。把世界当成一个整体来看待，这可能是 metaphysics 本质上不同于物理学的地方。对一些问题进行 metaphysical 意义上的思考，应该成为一个良好的学术习惯。Agardh 曾著有《积分的形而上学》[7]。Falkenburg 著有《粒子形而上学》[8]，谈论亚原子世界的实在性问题，metaphysical 的思考是自然而然的，否认这一点不是诚实的态度，于学术上也

---

① "闭嘴，算就是了！"一般认为这是 Richard Feynman 说的，但是 N. David Mermin 力证这句话最先出现在他的文章中，参见 Could Feynman have said this?。

走不了多远。

Meta 的 higher than，transcending，overarching，dealing with the most fundamental matters of 的意思，是因为把 metaphysics 误以为是超越了自然科学之科学造成的，这造成了 meta 一词在现代用法中的错误扩展。当某个学科或者学问一旦加上 meta 前缀，便立马身价倍增。这一思潮的后果是产生哲学可以指导自然科学的感觉良好。且不说物理学什么时候自身脱离过作为哲学的本性，即便哲学能指导自然科学，那也要掌握在既是哲学家又是科学家的人手里吧？

在各种贴 meta 标签的概念中，metalaw 确实是具有超越性的。Metalaw，关于物理定律的定律，其关切的内容为事物行为之描述方式的形式方面（formal aspects of the modes of description of the behavior of things）。场论的基本方程只包括最高为二阶导数的项，相对论原理要求物理定律在洛伦兹变换下必须是不变的，这些都是 metalaw 的例子。能量守恒也是个 metalaw。守恒量的意义在于系统的历史不清楚时它依然是明白无误的。为了能量守恒，我们必须去构造能量的形式，而这并不是一件容易的事情。电磁场能量的形式即是一例，在热力学中引入内能的概念是另一例[9]。当然，metalaws 之间也可能有冲突，如广义协变原理与能量守恒，这时候就要加以协调。

Metaphysics 被当成 above physics（高于物理学）的是出于后人的误解，可是有一门学问，其创始人却是明白无误地宣称是 above metaphysics 的，这门学问就是 pataphysics。pataphysics 是对希腊语 ἔπι 'μετὰ τὰ φυσικά'（epi meta ta physika）的缩写，这个词由法国荒诞主义作家 Alfred Jarry（1873—1907）所创造，用来表示研究形而上学领域之外之对象的赝哲学，它拙劣地模仿现代科学的方法与理论，却常常使用荒诞的语汇。法语的 pataphysique 与 pas ta physique（not your physics，不是你所理解的物理学）和 pâte à physique（物理生面团）谐音，因此更添谐谑和讽刺的意味。

Metamaterial

Metamaterials，或者说 artificial structures（人工结构），是近些年才出现的新概念。它指的是这样的一类人工结构材料，其具有天然材料所不具备的超常物理性质；或者从另一个角度来说，其性质不是由化学组分和原子结构所决定的，而是由更大尺度上的人工结构所决定的。因此，metamaterials 能表现出哪些性质，取决于人的设计。

图2 （左）正常折射率中的折射现象；（右）左手性材料中的折射现象[12]

Metamaterials，这里的 meta 无论是取 beyond 还是 after 的意思都说得通。汉译"超材料"，虽然算是比较贴切的翻译，恐也难免有人会望文生义联想到超导材料的 super。超材料始于对左手性折射行为的研究，左手性人工结构（或曰负折射率材料（图2））的实现，是一个荒唐理论练习题(if $\varepsilon<0$ and/or $\mu<0$, then…)同实用研究（雷达吸波材料）相结合结出的硕果。超材料大体上包括左手性材料、光子晶体（photonic crystals）、超磁性材料（magnetic metamaterials）等。

超材料的研究，对物理学本身、材料科学和实用技术，以及对自然界中诸多现象的理解，都带来了冲击。光子晶体概念让人们认识到了自然界表现出的颜色既可以是色素色，也可以是因为光子晶体结构所导致的结构色，从而理解了如蝴蝶翅膀之类的自然存在为什么在不同角度上会表现出不同的颜色。超材料使得灵活操控电磁波成为可能，其一个可能的用途就是制造隐身斗篷，最近几年不断有在不同波段上实现隐身的报道[10,11]。当然，超材料的光学性能不只是体现在隐身或者光子晶体上，实际上现在已经有了 metaoptics 的概念了[12]。Metaoptics，超光学乎？后光学乎？Metamaterials 还被用来制作电磁波的虫洞：利用介电常数和磁导率的特别组合，可以让电磁波从一个洞口通过一个弯曲的隧道到达另一端，而不为外界所探知。有人认为，在这样的结构中磁场从一端进入，在一端消失，这就是一件虚拟磁单极器件。此外，还有人用超材料模拟黑洞的行为。愚以为，这种所谓的研究，就有点藐视同行的智商了。

Metamorph

Metamorph，来自希腊语 μεταμορφόω，意思是 changes of shape，此系列之第五十三篇《形之变》即由此而来。当 Ovid 撰写传世名著《变形记》(*Metamorphoses*, μεταμόρφωση)时，他说他满脑子就想着讴歌形的变化。当然了，meta 在这里还是 after 的意思，强调的是变化的后果。Metamorphosis 很文艺，也容易成为艺术与科学的共同焦点（图 3）。

形容词 metamorphic 在物理学中常见于 metamorphic rocks, metamorphic crystal。Metamorphic rocks 指原来的沉积岩、火成岩之类的原岩（protolith）经高压高温条件下变化而来的岩石，注意是经历了化学性质和物理结构都改变的过程而非简单的物理相变。Metamorphic rocks，汉译变质岩，丢掉了关键的"形"字。在涉及晶体的语境中，经过 metamorphosis 过程得到的就是 metamorphic crystal。

图 3　Herbert Bayer 的艺术品 Metamorphosis, 1936

淡如水的 metamagnetism

Metamagnetism 大致是指材料的磁化强度随外加磁场的微小变化突然大幅度增加的现象。但是，材料磁化强度的突然大幅度增加，其原因却是多种多样的。也因此，metamagnetism 一词，连同其汉译"变磁性"，都显得有点让人不知所云。

不过，如果考察一下 1962 年的那篇原始论文 Collective electron metamagnetism[13]，文章讨论的是使 paramagnetic（顺磁性）物质变成铁磁性的可能性。这里的 meta，可能是就着 paramagnetic 一词有感而发的。

Para，和 meta 一样，是乱用乱译的重灾区，其英文解释包括 a) by the side of, beside, by, past, to one side, aside from, amiss; b) beyond; c) subsidiary。比较一下 para-hydrogen（仲氢），paramagnetism（顺磁性），parastatistics（仲统计），parachute（降落伞），如果不是详加辨析，很难弄得清这些 para 都是什么用意。Meta 和 para 联袂出演的机会很多，如 paraphrase（意译），metaphrase（直译）。容另议。

Metamathematics

Meta 标签的滥用引入了一类 meta-X 概念，是关于或者超越 X 但本身又不是 X 的那么一类事物，如 metadata（元数据），metalanguage（元语言），等等。Metamathematics，元数学，显然符合对一般的 meta-X 的定义，它真的是关于数学且超越了数学（当然其本身不构成数学）的那么一个数学分支。Metamathematics 始于 Hilbert 考察数学各理论之间的自洽性的想法，其在 1920 年的一个研究规划里提出了 metamathematics 这个概念。数学家 Whitehead 与 Russell 合著的《数学原理》(*Principia Mathematica*) 乃为元数学的扛鼎之作。关于 metamathematics 的定义，可以参考如下说法：元数学是使用数学方法研究数学本身的一门学问……其研究产生元理论，即关于其他数学理论的数学理论（Metamathematics is the study of mathematics itself using mathematical methods... This study produces metatheories, which are mathematical theories about other mathematical theories）。人们熟知的哥德尔关于数学不完备性的证明，应该算是元数学、元逻辑（metalogic）里的大事件，有兴趣的读者请参阅文献[14]。

元数学之作为数学理论的数学理论，可以用封建王朝的律法来比拟。有明一朝，其法律是很完备的，《大明律》30 卷，洋洋洒洒，事无巨细皆有规范。但是，皇权是高于法律的 meta-law。所以沈万山们尽管规矩守法，照样落得家破人亡。

也许物理理论本来就是 metaphysical and metamathematical，它由我们的内在思想之定律和形式（our inward laws and forms of thought）所产生，并由宇宙中的现象将之反照给我们。哈密顿爵士直言牛顿的万有引力就是我们的意志的外在图像（external image of the will）[4]。

更邪乎的 metaverse

Meta 的 going beyond or higher, transcending 的意思，现常被用来构成更高层面的整体。比如，galaxy，从银河系演变成了一般意义上的星系，加上 meta，就成了 meta-galaxy，指全部星系（包括星系间物质）的总体，或者干脆说就是 the measurable material universe（整个可观测的物质宇宙）。因此，metagalaxy，总星系，大可简单地就理解为 universe（宇宙）。当然，如果 universe 也加上 meta，那就更邪乎了。Metaverse 由 Neal Stephenson 在其 1992 年的科幻小说 *Snow Crash*（《雪崩》）中首创，由 meta + verse 组成，指真实空间、网络与虚拟世界的集合体,有点量子力学的多世界(multi-verse)的意思。一个网络黑客,整天趴在网络连接的某个终端上,思维在虚拟世界与真实空间中不停变换,有点幻觉太正常了。但这个 meta-verse 竟然也没逃过被物理学家盯上的厄运。在有关量子黑洞的讨论中,有物理学家认为量子引力中的奇点可以被一个拥有复杂的、变化的拓扑的时空区域所取代,从而允许信息从一个时空区域向另一个非连通的区域转移,甚至是从我们的宇宙渗透到一个新生的 baby-universe 中去。如果我们考虑所有的时空所构成的整个的 meta-verse,那信息就从未丢失[15]。Meta-verse 是我们这个宇宙和与我们的宇宙都不连通的别的宇宙的集合体,它到底是个什么东西,超出笔者理解力之外。至于 meta-verse 如何汉译,愚以为应该到佛教经典里去找。

结语

物理学家,以及别的什么学家们,希图通过使用怪异词汇来吸引眼球,是没有真才实学的无奈,想来也是蛮可怜的。然而就物理学习来说,任它理论如何云山雾罩,学物理者只要学会问三个有点 metaphysical 的问题即可:1)依据什么基本原理? 2)考虑什么具体的模型? 3)凭借什么样的数学? 至于其他概念与表述上的噱头,原不足为惧,也不足为虑。学者,"不为浮云遮望眼"①的功力还是应该有的。

 补 缀

1. 西人那里,是连诗人都要研究哲学与 metaphysics 的。第一位诺贝尔文学奖得主 Sully Prudhomme turned from poetry to write essays on aesthetics and philosophy。He published two important essays:*L'Expression dans les beaux-arts*(1884)and *Réflexions sur l'art des vers*(1892),a series of articles on Blaise Pascal in La Revue des Deux Mondes(1890),and an article on free will(*La Psychologie du Libre-Arbitre*,1906)in the *Revue de métaphysique et de morale*。一个作家,连美学、哲学、形而上学和心理学一块儿招呼。

---

① 原句为王安石《登飞来峰》中的第三句:"不畏浮云遮望眼。"

2. 黑格尔云：Metaphysics is the science of idea。
3. 关于数学和物理中的 metaphysics，推荐参阅如下两本书：Rebecca Goldstein，*Incompleteness：the Proof and Paradox of Kurt Gödel*，W. W. Norton（New York，2005）；B. Falkenburg，*Particle Metaphysics：A Critical Account of Subatomic Reality*（The Frontiers Collection），Springer（2007），243-46。
4. Meta 在西班牙语中的意思是目标、靶子。

参考文献

［1］ Heidegger M. Introduction to Metaphysics［M］. Gregory Fried，Richard Polt，trans. Yale University Press，2000. 原书 *Einführung in die Metaphysik* 于 1935 年出版.

［2］ Bergson H. Creative Evolution［M］. Arthur Mitchell，trans. Henry Holt and Company，1911. 法文原书 *L'Évolution Créatrice* 于 1907 年出版.

［3］ Zinkin M. Kant on Negative Magnitudes［J］. Kant Studien，2012，103：397-414.

［4］ Hankins T L. Sir William Rowan Hamilton［M］. The John Hopkins University Press，1980.

［5］ Moore W. Schrödinger：Life and Thought［M］. Cambridge University Press，1989：169.

［6］ Russell B. Mysticism and Logic［M］. Unwin，1989：20.

［7］ Agardh C A. Essai sur la Métaphysique du Calcul Intégral［M］. P. A. Norstedt，1849.

［8］ Falkenburg B. Particle Metaphysics：A Critical Account of Subatomic Reality（The Frontiers Collection）［M］. Springer，2007.

［9］ Buchdahl H A. The Concepts of Classical Thermodynamics［M］. Cambridge University Press，1966.

［10］ Schurig D，et al. Metamaterial Electromagnetic Cloak at Microwave Frequencies［J］. Science，2006，314：977.

[11] Cai W, et al. Optical Cloaking with Metamaterials[J]. Nature Photonics,2007,1:224.
[12] McPhedran R C,Shadrivov I V, Kuhlmey B T,et al. Metamaterials and Metaoptics[J]. NPG Asia Mater,2011,3:100-108.
[13] Wohlfarth E P, Rhodes P. Collective Electron Metamagnetism[J]. Philos. Mag.,1962,7:1817-1824.
[14] Goldstein R. Incompleteness: The Proof and Paradox of Kurt Gödel[M]. New York:W. W. Norton,2005.
[15] Davies P. Betting on Black Holes[J]. Nature,2008,454:579-580.

六十九　什么素、质？

安得郢中质，一挥成风斤。
——李白

如彼梓材，弗勤丹漆，虽劳朴斫，终负素质。
——张华

摘要　英文数理概念如 proton，prime number，都源于序数词"第一"，汉语以质子、素数的翻译应付，倒也算贴切。

何以为质

《庄子·徐无鬼》中有这样一段故事，照录如下：庄子送葬，过惠子之墓，顾谓从者曰："郢人垩慢其鼻端，若蝇翼，使匠石斲之。匠石运斤成风，听而斲之，尽垩而鼻不伤，郢人立不失容。宋元君闻之，召匠石曰：'尝试为寡人为之。'匠石曰：'臣则尝能斲之。虽然，臣之质死久矣。'自惠子之死也，吾无以为质矣！吾无与言之矣。"愚读这则故事时，总是幻想当时情景：某人把斧头抡出呼呼风声直奔同伴鼻端的白灰，同伴看到亮眼的斧头砍下来不避不让任由利刃从鼻端刮过。这是对自己、对同伴怎样的信心？这样的一对搭档，当真对得起这个

"质"字,还真不是庄子、惠子之流逗嘴皮子者所能比拟的①。

这则故事难为人的地方是对"质"这个字的理解。从故事来看,"质"在郢人—匠石那里指那些能互相成就的搭档,在庄子—惠子那里则可理解为砥砺切磋的对手。李白的"安得郢中质,一挥成风斤",感慨的就是这种相得益彰的对手、搭档太难得了。质,从贝,与财富有关。以钱受物曰赘,以物受钱曰质,所以有质押的说法,强调的也是价值上的等量齐观。所谓的人质,以人为抵押,那质押的人要有足够的价值才行,不是什么人都可以作人质的。据《战国策》记载,秦急攻赵国,赵氏求救于齐,齐曰:"必以长安君为质,兵乃出。"对方为出兵而要求的人质是赵太后的心肝小儿子长安君,价值高到"太后不肯"。太后明谓左右:"有复言令长安君为质者,老妇必唾其面。"后来,还是经过大臣触龙一番迂回劝说,尤其是点明了"人主之子不能恃无功之尊、无劳之奉"的道理,老太太才算是勉强同意了:"于是为长安君约车百乘,质于齐,齐兵乃出。"

在当代汉语中,质还可当本性、禀性理解,指那些带根本性的东西或者组成成分,对应英文的 nature, natural disposition,故有素质、物质、性质等说法。素也是本性的意思。"太素者,质之始也。"(《列子》)这里的太素,大约对应西方形而上学里的 essence 或者后来经典物理经常出现的 ether,即本原的存在,最早、最初形态的物质。因此,素被用来翻译那些可能是基本成分的概念,如元素(element②)、核素(nuclide)、毒素(toxin)、因素(factor)等。素和质常合用,有素质、质素的说法;有时候这两个词会混用,比如素数也叫质数。

本性第一

物理学中的质子(proton),数学中的质数(素数, prime number),其对应的西文的本义都是第一的意思。Proton,来自希腊语 πρώτο(第一)。亚里士多德提及自己关于 metaphysics 部分的论著时称其为 τὰ περὶ τῆς πρώτης φιλοσοφίας(the [writings] concerning first philosophy),即 metaphysics 乃是第一(位的)哲

---

① 庄子曾与他以为"质"的惠子打过一段机锋,见《庄子·秋水》篇。庄子与惠子游于濠梁之上。庄子曰:"儵鱼出游从容,是鱼之乐也。"惠子曰:"子非鱼,安知鱼之乐?"庄子曰:"子非我,安知我不知鱼之乐?"惠子曰:"我非子,固不知子矣;子固非鱼也,子之不知鱼之乐,全矣。"庄子曰:"请循其本。子曰'汝安知鱼乐'云者,既已知吾知之而问我。我知之濠上也。"
② 有个英语成语叫 in one's element,可能是如鱼得水、得心应手的意思。

学；相应地，关于自然的研究或者自然哲学则是第二（位的）哲学。以 proto 为词根的词有不少，如 protomartyr（第一个殉教者）；prototype，即 the first thing or being of its kind, original, model, pattern, archetype[①]，汉译"原型器件"。原型器件也许很粗糙、丑陋（图1），但其重要之处在于其所体现的思想。能够做出一种原型器件是从事材料、器件研究的科研人员梦寐以求的理想。在有些词汇中，proto 会被翻译成"原"，如 protoplasma（原生质，即生命中最基本的浆体），protohistory（原史学，即对紧靠着有记载的历史之前那段时期的历史研究）；在有些词汇中，proto 会被翻译成"先"，如 protandrous（雄性先熟的），protogynous（雌性先熟的）。人类就是一种 protogynous animal。这大概是女性优先文化的生物学本源。

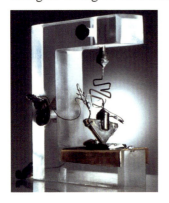

图1　贝尔实验室保留的锗三极管原型器件

　　Prime，来自拉丁语的第一（primus），其变形有很多种，如 prim, primary, primal, primate, primeval, premier 等。只要我们记得其原意为第一，它们的具体意思都好理解。Premier 作为名词，汉译"总理"，其实也就是 prime minister，即首席部长。类似地，prima ballerina，芭蕾舞团的首席女演员，prima donna，歌剧里的首席女演员，类似京剧里的头牌旦角。至于 prime numbers，应该是指其具有第一位的重要性（primacy）的那些整数（见下）。

质子

　　质子，proton，就是"第一"原子核的意思，是卢瑟福于1920年给氢原子核起的名字。此前一年，卢瑟福发现能够自氮原子核轰击出氢原子核。氢原子有三种同位素，原子核质量数分别为1，2，3，它们分别用英文记为 protium, deuterium, tritium，其实来自希腊语的 πρώτο（第一），δεύτερο（第二）和 τρίτο（第三），汉译"氕、氘、氚"虽然照顾了其为一、二、三的意思，但是强以为其为"气"就走偏了。这质量数为1的原子核，带一个单位的正电荷，应该是物质的

---

① Archetype 的词头为希腊语的αρχos，是第一、居于统领地位的意思，相关词汇包括 archangel（大天使），archduke（大公），archbishop（大主教），archenemy（劲敌）等。

building block，就被命名为 proton。当然，它也可以被理解为基本的、本原的东西。质子+电子的松散组合，或者叫稀薄氢等离子体，才是这个宇宙的背景状态。那些看似由无数星体组成的也许是无限数目的壮丽星系，不过是如同质数（prime numbers）一样的边缘人（outlier，参加下文），其测度为零。

类氢粒子作为其他原子之基本单元的概念有一个长期的发展过程。1815年 William Prout 就觉得所有原子是由氢原子组成的，他那时称之为 protyle。Protyle，词根来自希腊语 ὕλη，timber（木材），material 的意思。所以字面上 protyle 乃为原料的意思。基本粒子的概念源于对气体放电的研究，从阴极发生的阴极射线其荷质比有唯一的值，后来我们知道这就是电子。阴极射线打到固体靶面上又引起新的未知射线，名为 X-ray，此是后话。从阳极发出的阳极射线具有不同的荷质比（取决于放电所用的气体），因此有第一或者最小荷质比的问题。1917 年以及接下来的一段时间里，卢瑟福证明氢原子核出现在别的原子核中，具体实验是用 α 粒子轰击氮原子，涉及的是核反应 $^{14}N + α → ^{17}O + p$。显然，氢原子核应该有个专门的名字，至少应该有别于氢原子（两者质量几乎没差别）。卢瑟福提议将之命名为 proton 或者 prouton（根据 William Prout 的名字），最后是 proton 这个命名被接受了下来。

质子（proton）是物质的基本单元，这也意味着相对物质世界的典型尺度来说，它是小不点儿。当然，它的大小不好定义①，现在一般认为质子的半径为 0.84～0.87 fm。此一事实的一个含义是，我们很难用实际的物质圈出一个没有氢原子的空间。同真空技术打过交道的人都知道，随着真空度的提高，真空室中各种气体的相对含量不断改变。实际上，残余气体的质谱特征本身就可以用来评估真空的品质（图 2）。干净的超高真空室里，其典型质谱应该由质量数为 1,2（对应 H^+ 和 H_2^+）的两个高峰加上一些不易察觉的小鼓包组成。而所谓的 H^+ 不过是质子的别名而已。离子 H^+ 不过是裸的（也许是部分裸的）质子，因此它有别于所有其他的离子，这是水具有各种反常性质的关键。一定程度上 H^+ 跟得上电子的运动②，则对付一般固体的所谓固体理论之前提假设（即 Born-Oppenheimer 近似）就不成立。一切或明或暗地以 Born-Oppenheimer

---

① 如果我们使用距离描述力，用力来定义粒子的大小，则这大小永远是一个含混的概念。实际上，对所有物体大小的定义都会遭遇同样的问题。在基本粒子的碰撞问题中，真不知道那里的距离是如何定义和测量的。
② 其实我们不知道电子怎样运动，关于电子运动还没有统一的图像。

近似为前提的所谓关于冰之结构或者性质的计算,其可能正确的几率都不会大,或者干脆说没有。

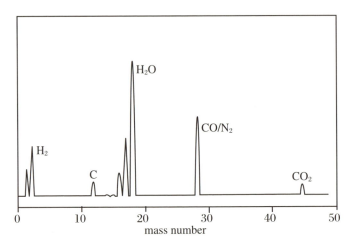

图 2 典型的残余气体质谱

素数

素数,汉语又称质数,是对 prime number 的翻译。所谓的素数,是指只能被 1 和其自身整除的正整数。2,3,5,7,11,13 是最小的几个素数。显然,这里的 prime 是 fundamental, basic, from which others are derived(基础的,它者可由其导出的)的意思。这表现在数论中的算术基本定理上,该定理指明任何一个大于 1 的整数都可以唯一地表达成一组素数的积,即对于整数 N,总有 $N = p_1^{a_1} p_2^{a_2} \cdots p_n^{a_n}$,其中 $p_1, p_2, \cdots, p_n$ 是一组互异的质数,$a_1, a_2, \cdots, a_n$ 是正整数。从这个角度看,就容易理解为什么说质数是 basic building blocks of the natural numbers(自然数的建构单元)了。由此定理可以证明存在无穷多的素数,这一证明欧几里得在公元前 300 年就完成了。一个自然数是否是素数的性质称为 primality(素性)。两个没有公约数的整数被称为是互质的(relatively prime)。

数论的主要研究对象是素数。数论研究,按我的理解,简直是一项羞辱我等资质平庸者智商的游戏。数论的一些结果,总能收到令人瞠目结舌的效果。比如素数定理:任取一个整数 N,其是质数的几率同 $\log N$ 成反比,此事实由高斯于 1796 年发现。又比如:孪生素数猜想,即存在无穷多相差 2 的素数对;可

表示为 $4n+1$ 的质数必是两个整数的平方和；如果质数 p 是群的阶数的因子，则必然存在阶数为 p 的子群；哥德巴赫猜想，即任意一个大于 2 的整数可以表述为两个素数之和，等等。笔者小时候在家乡的土墙上看到关于哥德巴赫猜想的报告文学，总也想不清楚这玩意儿为什么要证明，为什么连证明不了这个题目的人也是伟大的数学家。如果这些数学家自己难为自己的游戏还不够震撼的话，下面的黎曼猜想应该够分量了。黎曼 ζ 函数定义为 $\zeta(s) = \sum_{n=1}^{\infty} n^{-s}$，其中变量 s 为（不是 1 的）复数，此函数同素数紧密联系。由算术基本定理（Euler）证明 $\zeta(s) = \sum_{n=1}^{\infty} n^{-s} = \prod_{p} (1 - p^{-s})^{-1}$（这可是连接加法和乘法的最基本的纽带），其中 p 为所有的素数。进一步地，黎曼 1859 年给出了一个大胆的猜想：除了 $s = -2, -4, -6, \cdots$ 外，黎曼 ζ 函数的所有零点对应复数 $s = \frac{1}{2} + \mathrm{i} t$ [1]。黎曼猜想和素数的关系本质上是说素数尽可能规则地分布。从物理的角度来说，这大致是说素数分布的不规则只能来自随机噪声。这是否是黎曼函数同随机函数、量子混沌等学问有关的原因，笔者不懂，此处不敢妄议。

素数的没有因子的性质可看做是（孤傲者的）孤独的隐喻，它宿命地应该在人类情感描述中占有一席之地。意大利粒子物理博士保罗·乔尔达诺于 2008 年发表的处女作《质数的孤独》（*La Solitudine dei Numeri Primi*）当年就成为畅销书，并被改编为同名电影。小说讲述一对从童年到青年时期一直相伴的男女之间的感情故事，他们因为不同原因都是落寞寡欢的人，孤独、不合群，就象质数相对于其他自然数那样是局外人（outlier），但他们之间却互相关心。这种情感，非常亲近但又绝不是浪漫情怀（very close but never romantic），就好象一对孪生素数，比如 2760889966649 和 2760889966651 那样，很接近却又都是孤独又孤立的（solitari ed isolati）。此一对人类情感的数学表述，愚以为非凭借物理学家特有的深切与细腻则绝无可能。也许比孪生素数更哀婉的爱情故事是彼岸花的花与叶吧：彼岸花，彼岸花，生生世世，花不见叶，叶不见花。

素数与物理常数

有趣的是，10 以内的质数，即 2, 3, 5, 7，可以连接物理学的基本常数[2]。考察一下光速的数值 $c = 299\ 792\ 458$ m/s，此为一整数。暂且把物理单位 m/s 和因子 10^8 放到一边，将 2.997 924 58 乘上 $\sqrt{2/7}$，得到 1.602 458 092 8，这个数值

和基本电荷 e 的推荐值 $1.602\ 176\ 53(14) \times 10^{-19}$ C 在前四位有效数字上吻合。再者，将 $\sqrt{2 \times 5}$ 除以 $2.997\ 924\ 58$，得 $1.054\ 822\ 286\ 4$，这和普朗克常数 $\hbar$ 的推荐值 $1.054\ 571\ 68(18) \times 10^{-34}$ J·s 在前四位有效数字上也吻合得很好。此关系是在研究量子系统的涨落时被注意到的[①]，它说明涨落可能是更基本的物理问题[②]。若此从基本物理问题推导而来的定量关系是确切的话，那意味着对基本常数的精确测量就无须逐个进行了——针对一个确实能精确测量[③]的量去努力就好[④]。基本物理常数与质数间的关系，我猜也许在黎曼 ζ 函数与物理的关系中可以得到理解，希望这一点能引起同行们的注意。

补缀

1. 《红楼梦》中有"羡彼之良质兮，冰清玉润""形质归一""草胎木质""欲洁何曾洁，云空未必空。可怜金玉质，终陷淖泥中""气质美如兰，才华阜比仙"等说法，可见质犹西人之 essence 也。Essence，来自拉丁语 be 动词 essere，哲人们装酷的实在也。

2. 气—质，particle and its interaction field 之谓也！

参考文献

[1] Sabbagh K. Dr. Riemann's Zeros[M]. Atlantic Books, 2002.
[2] Mohr P J, Tailor B N. CODATA Recommended Values of the Fundamental Physical Constants：2002[J]. Reviews of Modern Physics, 2005, 77(1):1.

---

① 此定量关系由西南科技大学刘涛先生在研究量子涨落问题时得到。
② 浙江大学陈庆虎教授向笔者指出这一点。其实，爱因斯坦的工作早就体现了这一点，可惜我当初阅读时未能领会。
③ 关于物理量测量问题，其中的循环论证比热力学理论框架中的还要多。
④ 中国科学技术大学汪克林教授语。

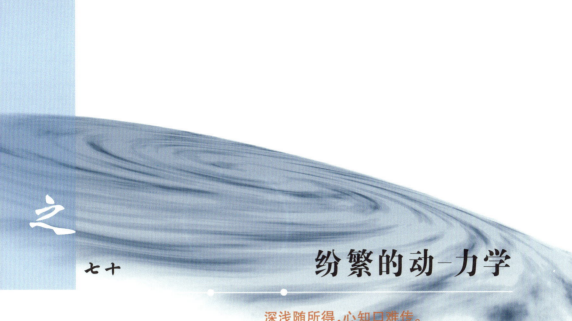

之七十 纷繁的动-力学

> 深浅随所得,心知口难传。
> ——苏轼《怀西湖寄晁美叔同年》

摘要 Statics, kinematics, kinetics, kinesics, dynamics, 再加上仿佛有关的 cymatics, dianetics, 这些纷乱的学问, 还真让人头疼。

四大力学

中国物理教-学界有四大力学的说法,指的是理论力学、电动力学、量子力学和热力学与统计力学(简称热统)。倘使只从中文字面来看,很难不以为这是一路货色,都是力学。至于何谓力学,那里面是否有力的角色,此四处的力学与暴力美学中所涉及的力学是否是一回事,则少见深入的议论。

如果我们把这所谓四大力学的西文名称翻出来,会发现它们并不如在中文中那样予人以四胞胎的感觉。理论力学英文为 theoretical mechanics, 更多的时候它是被称为 analytical① mechanics(分析力学)或者 analytical dynamics

---

① 分析是数学与物理的基本概念。分析力学是真需要分析的能力的。读完实分析、复分析、傅里叶分析和泛函分析这四大分析,回过头来大约能理解什么是分析力学。欲学分析力学,请参见拉格朗日的经典著作 mécanique analytique。

（分析动力学）的；电动力学英文为 electrodynamics；量子力学英文为 quantum mechanics；热力学英文为 thermodynamics，而统计力学英文为 statistical mechanics。容易看出，这所谓的四大力学是分成 mechanics 和 dynamics 两类的。尤为有趣的是，我们所谓的热统，其两个组成部分分属 dynamics 和 mechanics。似乎是注意到了 statistical mechanics 哪里也有点儿不妥，人们在很多时候愿意将之称为 statistical physics（统计物理）。此外，请注意也有热物理（thermal physics）[1]的说法，愚以为这个称谓其目的也是提醒人们不要把 thermodynamics 和 statistical mechanics 简单地当成什么力学。

Mechanics 在中文中是经常被翻译为力学的。Mechanic，拉丁语为 mechanicus，希腊语为 μεχανικός，having to do with, or having skill in the use of, machinery or tools，与手艺人掌握了的机械、工具有关。西方古代最令人印象深刻的 mechanics 是抛石机（catapault）。Mechanics 后来衍生的意思，及其所衍生的其他词的意思，都与机械、手艺有关。比如，物理研究的一个关键内容是弄清楚某事的 mechanism，如 growth mechanism of crystals（films），汉译就是机制、机理；而哲学概念 mechanical objectivism 就被汉译为机械唯物主义。Mechanics 被译为力学，有其历史的原因，但也带来理解上的困难。Mechanics 研究 how things go，不是研究力。即便是在 classical mechanics 中，人们也逐渐认识到力概念的引入是多余的。Mechanics 不需要力的概念，这一点在 Hertz 写他的力学书时（在 1890 年前后）已经是明确的了[2]。后来所谓的四种力的统一，确切地说是四种 interactions 的统一，这里力的说法不过是一种习惯，其关键词是拉格朗日量或者拉格朗口量密度。我们死抱着 mechanics 是力学的概念，对 mechanics 的理解有害无益。此外，类似把 institute of mechanics 译成力学研究所，而 institute of fine mechanics 又成了精密机械研究所，让人非常困惑，不知那里面的人们困惑也未？Dynamics，字面上是力的意思，可偏偏被汉译成动力学（见下文），不免又节外生枝。

力学当然存在。自从力被当作运动的原因，此后又被当成运动改变的原因，人们就一直在为这个力赋予性与形。力，就是为改变物体运动状态所作的努力（effort）。英文的 the theory of force，德文的 die Lehre der Kraft，才是力学。奥斯特有未出版的 Theory of Force，麦克斯韦有 On Physical Lines of Force（1861），这些都是力学曾经的辉煌。随着人们对运动和相互作用的认识不断深入，force 的概念已经退居到无关紧要的位置，把 mechanics 混成 theory of force 已越来越不合时宜。不幸的是，dynamics 和 mechanics 在汉语中已经固化为（动）力学了，把理论力学、电动力学、量子力学和热力学与统计力学这些学问望文生义地理解成力学，贻害不浅（津津乐道四大力学者，其离物理之道已远矣！）。可叹！

力学是物理学最早的内容，从力学发展过程中建立起的概念和方法论很大一部分后来被移植到电磁学、热力学等领域。弄清楚那些我们汉语中用"力学"一概而论的各物理学分支的同异，或有益于对这些学科的学习。

Statics

Statics，静力学，力学中研究静止或者平衡的那部分学问。这个字和 state, stand 同源，立着的意思（do you understand?），汉译"静力学"中的"力"字属于翻译时硬塞进去的。Statics 可能是物理学的源头。当年我学静力学，计算用滑轮拉一个物体需要用多少力这件事时，总觉得哪里不对劲，因为我觉得用多少力去拉取决于你有多少力好使。后来才明白，这是出静力学题的人根本忘了说明白静力学是研究静止或者平衡的学问，计算用滑轮拉一个物体需要多少力这种题目是假设刚刚好能拉动物体的，即拉动造成的运动过程其加速度几乎为零。其实，更重要的一点是假设摩擦力为零或者摩擦力恒定。摩擦力取决于材料的性质和具体的动态过程，拉动一个物体的实际物理过程，远比静力学所展现的图像要复杂得多。编教科书的专家和只会照本宣科的物理老师们不懂这些，学生们只好郁闷着。

由 statics 衍生出了 hydrostatics 和 electrostatics 等。Hydrostatics，汉译"流体静力学"可能是成问题的，因为这里的词头 hydro- 是水的意思，不是广义的流体。流体静力学有专门的名词，fluid statics。巧克力酱的静力学和 hydrostatics 可是有重大区别的。带 hydro- 的词头，还是用水翻译比较准确，象 hydrostatic pressure，人们就把它翻译成静水压。这里的 statics 是要强调在所考虑的情境中，流体其实是不流动的。类似地，electrostatics，静电学，假设电荷是不动的从而计算位置固定的电荷所引起的势能等物理量，或者因缓慢运动（但无加速度）由电流带来的磁效应。有趣的是，水不流动的情形常有，而电荷不运动的情形没有吧。但是，西方人在发展物理学时在有 electrodynamics 之前先得出了 electrostatics。静电学可以说是出自纯抽象的思考，对于电荷可是很难有任何直接的观察的。西欧那一片土地（包括英伦三岛）如何能产生近代科学，实属匪夷所思，鄙人以为关于这个奥秘的科学史、文化史意义上的揭示还是远远不够的。

Kinematics

Kinematics 来自希腊语的 κίνημα（movement, motion），κινεῖν（to move），汉译成动理学。这个词是安培造的,一开始是法语形式的 cinématique（庞加莱就有以 cinématique 为题的书[3]）,这肯定提醒了你 cinema/cinéma 这个词是怎么来的。Cinéma,英文为比较粗糙的 movie,德语的 kino 干脆就是希腊语 κινώ 的转写,中国话称之为电影——静止的照片的投影变得活动了①。按照字典的解释,kinematics 是一门关于运动的 mechanics 分支,不涉及力或者质量,即只谈运动（包括速度和加速度）,不涉及原因。伽利略的力学中是没有力与能量的概念的,他那时无法测量这些量,因此只能以定性的方式谈到它们。伽利略关于运动的描述构成了 kinematics 的大部分内容。动理学包括对质点、物体和物质体系的运动的描述,因此也叫 geometry of motion（运动的几何学）。以时间 t 为几何参数,数学家们还专门发展出了 kinematic geometry 这门学科。这样,就容易理解欧拉关于刚体转动的欧拉角描述方式,相对论时空的洛伦兹变换等内容的几何实质了。

与 kinematics 相关的有 kinematic theory（动理学理论,见下文）,如 the kinematic theory of wave propagation（波传播的动理学理论）,the kinematic theory of rapid human movements（人体快速运动的动理学理论）等,后者是机器人领域要研究的内容。

Kinetics

Kinetics,运动学,来自古希腊语 κίνησις（movement or to move）,这在我们看来和 kinematics 应该是同源的。Kinetics 也有汉译为动力学的,但是其字面上没有"力"字。作为经典力学的分支,kinetics 脱胎于 kinematics（关注运动本身的动理学）,它研究运动及其原因——通过质量及质量二阶矩即惯量张量的概念能建立起运动同力、力矩之间的关系。进入 20 世纪,kinetics 在物理学领域已经逐渐被 dynamics 或者 analytical dynamics 所取代,但我们必须注意到应该是涉及力的那些用法才被 dynamics 所取代。

---

① 电影的前身是拉洋片。把成串的塑料画片拉动,得到了动画的效果,此即 cinema。

形容词 kinetic 是个活跃的词汇,散见于物理学文献中。热力学的主要部分之一为 kinetic theory of gases(气体运动学理论)。Kinetic theory 用气体的分子构成和运动来解释温度、压力、黏度、热导率等宏观性质。原来,在玻意耳和牛顿先后提出过的气体的原子模型里,气体的各个原子都是静止不动的。注意,在理解温度概念时,只涉及分子的速度分布,从这个意义上来说,kinetic 应按其本义"运动的"来理解;而压力被解释为器壁散射分子的结果,这是涉及力的概念的。用分子碰撞解释压力时,单个分子同器壁碰撞的时间间隔是不知道的,时间问题被用单位时间内碰撞数这个统计概念给巧妙地回避了。气体分子的存在及其运动理论不过是假设,但是对花粉之布朗运动的观测为其提供了依据[4]。

Kinetic 其本义为运动的,这在西文语境中不会造成什么问题,但在汉译时可能会有麻烦。比如 kinetic plasma,它指的是运动(速度)分布不好用麦克斯韦分布这样的热分布(thermal distribution,它容易提取出一个称为温度的量)来描述的等离子体,译成"动力学等离子体"显然会让人不知所云。我辈用中文理解物理学当适度谨慎才好。

Kinetic 之关于运动的、由运动造成的意思,准确地体现在 kinetic energy(动能)一词中,这个词由 William Thomson 所创。动能,与运动有关的能量,因此是速度的函数。动能一开始是写成 mv^2 的形式,认识到前面还有一个 1/2 因子是物理学历史上的一个伟大进步。莱布尼茨、贝努里等人认识到物理量 mv^2 的重要性,那时其被名之为活力,vis viva。与动能相对,势能与物质的空间构型有关,是关于位置的函数。考虑到描述物质运动的函数哈密顿量的最一般形式为 $\sum_i \frac{1}{2} mv_i^2 + \sum_{i,j} \varphi(x_i, v_j)$,运动可以被当成 dynamics and geometry[5]。当然,愚以为它不应该是简单的 dynamics and geometry,而应该是 dynamical geometry。

Kinetics(运动学)研究运动,不可能不涉及力,不是还有 motive force 的说法吗?后来,kinetics 被 analytical dynamics 取代,但 kinetic 和力至少到目前还脱不了干系。象这样的句子 The dynamics of Landau's theory is defined by a kinetic equation of the mean-field type(朗道理论的动力学可由一个平均场型的运动学方程定义),仅从(汉语)字面上来看是有点不对劲,正确的理解还是要通过方程和物理图像才能得到。

Kinesics

Kinesics 是研究身体运动、面部表情的学问,汉译"身势学"。这个词来自希腊语 κινετos,是 movable 的意思,因此对它的意义的理解还是要从运动的角度着手,比如 kinesiology,汉语也是翻译成"运动学"的,不过这是体育科学的内容,研究的是人的运动。同源的名词 kinesis,意为由外界刺激引起的运动;由它构造的复合词有 photokinesis,汉译"趋光性",它指的是光诱导的运动。

Dynamics

Dynamics,来自希腊语 δύναμις (dynamis),意思是力、能力(power, strength, force)。形容词为 dynamic, dynamical (δυναμιήκός)。除了有"强有力的、有活力的(energetic, vigorous, forceful)"这些与力、运动有关的意思以外,它还有与变化有关的意思,汉语翻译成"动态的",如 dynamic response(动态响应),即响应要跟得上刺激的时间变化。

动力学是物理学的重要组成部分。什么是动力学?《哈密顿爵士传》[6] 明言:动力学,或曰力的科学,乃为研究时空中的定律所显现之威力的学说(Dynamics, or the science of force, as treating of "Power acting by Law in Space and Time")。Penrose[7] 指出:"成功的物理理论提供的答案都以动力学的形式,即给出某个时刻的状态作为初始条件,确定物理系统是如何随时间演化的——这样的勾当才是动力学。"在没有"力"的概念的量子力学中,动力学的特征该是什么呢?Dirac[8] 说:"为了构建动力学的完备理论必须考虑不同时刻之间的联系……(量子)系统是由让一时刻的状态决定后来时刻状态的运动方程所描述的,也就是因果律要起作用(causality applies)。"如果粒子的运动学是非相对论的,那么其动力学方程是薛定谔方程。

经典力学中的 analytical dynamics(分析动力学),是研究物体在外力作用下运动的分支,原也是称为 kinetics 的,其核心就是牛顿第二定律。带 dynamics 的学科名,除了分析力学(analytical dynamics),还有热力学(thermodynamics),电动力学(electrodynamics),色动力学(chromodynamics),味动力学(flavor dynamics),几何动力学(geometrodynamics),等等。

电磁学的学习是从静电学开始的，虽然谁也没见过静止的电荷。到电动力学部分，因为涉及粒子的质量和电荷两种指标，且电荷是极性的，物理图像就复杂多了。动力学的划时代理论是 1865 年麦克斯韦发表的 A Dynamical Theory of the Electromagnetic Field（电磁场的动力学理论）。循着量子电动力学，人们又引入了色动力学和味动力学，其对象是基本相互作用，力的概念就很少再出现了。标准模型统一了电磁、强、弱相互作用，但同引力的统一却一直悬而未决[1]。广义相对论用 stress-energy tensor 描述时空的动力学。然而，空间的几何是偶发的、动态的（contingent and dynamical），它不能够为自然的定律提供一个可依之定义的固定的背景。1960 年，惠勒提出了广义相对论的几何动力学（geometrodynamics）描述（他认为 Clifford[2] 是这种思想的发起者），不知这个方向的发展能否提供大统一的新线索。

与其他的 dynamics 不同，thermodynamics（热力学）似乎不是研究时空定律或者运动发生的原因的。愚以为，thermo + dynamis 是热与力的并列组合，热力学从一开始就是为了从热中得到力或功，$\delta Q \to F \mathrm{d}x$，它来自燃烧煤从而从矿井中抽水的努力。在关于简单体系的热力学势（内能）的微分表达 $\mathrm{d}U = T\mathrm{d}S - p\mathrm{d}V$ 中就只有两项，前一项是热，后一项是力。Thermodynamics，历史上称为 theory of heat（热学），就是 mechanical theory of heat（热的机械说）。热力学先是热质说（substantial interpretation of heat），而后是 kinetic theory（运动论）。于 1798 年由 Sir Benjamin Thompson 提出，1824 年由 Sadi Carnot 充分发展起来的关于热的运动论是对热质说的胜利。

Dynamics 有许多衍生词也值得一提。如 dynamo，其意思为有活力的人，它还曾被作为发电机（generator）的名字，记得以前欧洲有支足球队就以 dynamo 为名。Dynamo theory 解释星球磁场的产生机制，它要求存在一个旋转的、对流的、导电的液核维持磁场。这里的 dynamo 指的是电动力学的内容，虽然是关于流体的。另外一个词 dynamite，有活力、威力的东西，汉译"炸药"。Dynamite 的商业成功给物理学带来了最大的一笔金钱刺激，即所谓的诺贝尔奖。

---

[1] 与其说未找对达成统一的路径，我倒以为可能是我们对拟统一认识的对象还认识不足。
[2] 数学家 William Kingdon Clifford 最先提出引力几何化的思想。

图1 水黾。其日常生活中遭遇的阻力应该在 dyn 量级

普通物理中有个力的单位,名为 dyne,自然也是来自希腊语 δύναμις (dynamis),汉语直接音译为"达因",符号为 dyn。1 dyn = 10^{-5} N,这是对 1 g 物质产生 1 cm/s² 所需要施加的力,在人的生活尺度上它太小了。但是,对于生活在水面上的小动物如水黾(waterstrider)(图1),其涉及的力的大小应该是在 dyne 的量级——水在常温下的表面张力约为 72 mN·m⁻¹,1 cm 长的线在水面划动时遭遇的阻力可能是几十 dyn 的大小。在以原子力显微镜为主要研究手段的显微力学体系中,dyne 这个力的单位是合适的。

由 dynamics 引出的另一个词为 dynamism,很文艺范儿的词,指动态地表现活力的艺术手法。杜尚(Marcel Duchamp)的画作 *Nude Descending a Staircase*(1912)就是采用的 stopframe dynamism 手法。杜尚的这幅画影响力太大了,以至于 40 年后摄影家 Eliot Elisofon 于 1952 年用连续曝光的手法创作了 *Duchamp Descending a Staircase*(图2)。

图2 杜尚的画《下楼梯的裸女》与 Elisofon 的摄影《下楼梯的杜尚》

Kinematic vs. dynamic

什么是 kinematics? 什么是 dynamics? 这两者间的区别,学物理的、学工

程的人常常弄不清楚。按物理学家的说法，kinematics 在不考虑力的因素的前提下研究运动是如何发生的，如果考虑力，kinematics 就变成了 dynamics[9]。相较而言，数学家的概念就清晰得多。对数学家来说，一个孤立的系统包括：(a)相空间，即系统运动之所有可能的瞬时状态的集合；(b)在相空间中描述系统所有可能历史(history)的曲线的集合，即系统随着时间的推移可以经过的状态之序列。前者是 kinematics，后者是 dynamics。有必要区分系统的状态和系统之运动的状态[10]。

作为对物理认识的不同阶段，自然 kinematics 的出现要早一些。比如就相对论来说，也是要先有研究时钟、尺子在稳恒、不受力的运动中的(in constant, force-free motion)行为的运动学部分[11]，而后才有研究(时空)动力学的部分。所以说狭义相对论是一种新的运动学，广义相对论则用几何语言提供了动力学。

力的概念在近代物理中已被相互作用所取代。动力学是不是关于基本相互作用的描述呢？在牛顿(狭义相对论)动力学中，欧几里得(闵科夫斯基)几何(也包括含时间的几何)——其仿射结构是由作为对时空的 kinematic 结构进行数学描述的 kinematic 对称群(伽利略群或者洛伦兹群)所决定的——决定了或者说反映了作为其基本 dynamic 定律的惯性定律。在这些理论中，kinematic 结构与 dynamics 没有任何关系。因此，dynamic 定律在 kinematic 对称群变换下是不变的。这意味着 kinematic 对称性为 dynamic 定律的形式施加了一定的限制。但是，对于广义相对论理论来说却不是这样。在广义相对论理论中时空没有先验的 kinematic 结构，也就没有什么 kinematic 对称性，没有什么对 dynamic 定律形式的限制。这一段很拗口，但是理解了这一段大致就能弄清楚 dynamic 定律与 kinematic 结构的关系[12]。有趣的是，Clifford (1878) 的著作 *Elements of Dynamic*，其副标题为 An introduction to motion and rest in solid and fluid bodies，可见其不涉及力，实际上这是一本关于四元数、矢量代数的数学书。看了这本书人们会由衷赞叹 kinematics is the study of the theory of pure motion(动理学是关于纯粹运动理论的研究)。爱因斯坦的经典名篇 *On the Electrodynamics of Moving Bodies* 上来第一部分就是 kinematical part，而后才是 dynamical part。可是，对于一个学物理的来说，字面上固然有 kinematical 和 dynamical 之分，我们头脑中关于物理的图像有必要硬性地去作这样的区分吗？

一些物理分支中关于物理问题的描述时常有 kinematic 和 dynamic 之分，但未必多么严谨。比如黏度分为 dynamic viscosity（动力学黏度或者动态黏度，即剪切应力与所能维持的速度梯度之比）和 kinematic viscosity（运动学黏度）——将动态黏度除以密度就成为运动学黏度。黏度涉及剪切应力（shear stress），称为 dynamic viscosity 还好理解，为什么差个密度量纲就成了 kinematic viscosity 呢？况且，这除以流体密度的操作也看不出有什么深刻的道理来。又，在谈论粒子（如电子，X 射线光子）同固体的散射时，也有 kinematic 理论和 dynamic 理论之分。在 X 射线衍射的运动学理论中，散射振幅由来自不同的原子或者晶面上的散射振幅简单相加而来，只需计及光程差即可，因此它确切地说就是 geometrical theory（几何理论）。而散射的动力学理论则要考虑入射粒子在固体中的实际传播过程，其间是要遭遇许多不同的相互作用的，这取决于固体的性质、入射粒子的性质和特征参数（能量、偏振方向等），以及入射粒子流密度，等等。情况太复杂，因此也就很难指望会有统一的动力学理论。

Cymatics

与上述几个词无关但字面上很相似的一个词是 kymatik。这是瑞士自然学者 Hans Jenny 为了描述振动与波的可视化而引入的一个概念，词根来自古希腊语的波，κῦμα。Hans Jenny 于 1967 年出版了一本以 Kymatik 为名的书[13]，如今这个词已经在英语中被改造成了 Cymatics。Cymatics，有人将之汉译为音流学，莫名其妙，振动与波不必然表现为声音——一个狭窄波段内的振动作用到动物的耳朵上才表现为声音。就字面和其具体研究内容来看，cymatics 是一门真正的波视学，或者示波学，或者模式显像学，因为它关注的主体是振动模式所体现的花样（modal phenomena）（图3）。

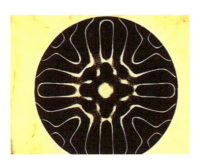

图3　圆盘上振动的沙子所显示出来的 cymatic 图像

Dianetics

Dianetics 一词粗看起来和 dynamics 有点相似，但其实无关。*Dianetics* 是一本由美国人 L. Ron Hubbard 撰写的所谓关于精神健康之现代科学的著作。这本书的观点本人实不敢苟同，但它的德语版 *Dianek：die moderne Wissenschaft der geistigen Gesundheit* 却是一本让德语脱离机械（mechanical）刻板印象的好书，倒不妨拿来作语言学的教材。那些得以流传的好著作，宗教的、政治的、文学的、艺术的，文字优雅似乎是其共同的特点。科学的著作，难道不也要向这个标准看齐吗？

 补 缀

1. 初等的 thermo-dynamics 还真不处理 dynamics 的问题，其主角是热与功。或者说，一般人学的热力学还真不到 dynamics 的层次。
2. Telekinesis，远＋运动，在远处使得物体移动，即意念移物。
3. 由位置和速度共同决定的能量，是什么呢？But it is not dynamics and geometry，but dynamical geometry｛Dieter Suisky，Euler as physicist，Springer（2009）｝。
4. 陷到热力学势之谷但又不是最低能量态的状态会被称为 kinetically persistent，因为在这样的状态中分子的运动还是保持的。
5. Lord Kelvin 的 *Treatise on Natural Philosophy*，Cambridge University Press（1923），第一页有句云：Which (kinematics) will form, as it were, the Geometry of our subject, embracing what can be observed and concluded with regard to actual motions, as long as the cause is not sought。即动理学形成了此一主题的几何，涵盖的是关于运动在不追问原因的情况下所能做的观察和得到的结论。而在序言中，他写道：Dynamics in its true sense as the science which treats of the action of force, whether it maintains relative rest, or produces acceleration of relative motion. The two corresponding divisions of Dynamics are thus conveniently entitled Statics and Kinecs。Dynamics 关切力的效果而不管力的效果是静止还是加速，因此它的两个部分分别为静力学和 kinetics。Kinetics 与静力学相对，按说应该翻译成动力学，字面也支持这个观点，而 dynamics 显然不能再翻译成动力学了。依照其字面意思，应该就是力学而已。Lord Kelvin 不愧是大家，概念太清楚了。

6. This means that the geometry of space is contingent and dynamical; it provides no fixed background against which the laws of nature can be defined. 空间的几何是偶发的、动力学的,难怪广义相对论的数学那么难。
7. 难道有 electrodynamics of kinematical path? 好象也未必不可。
8. 在现代希腊语中,κίνηση 就是交通,traffic。
9. Clifford 在 *Elements of Dynamic*（1878）一书中写道：The geometry of rotors and motors… forms the basis of the whole modern theory of the relative rest（Static）and the relative motion（Kinematic and Kinetic）of invariable systems。Clifford 的思想被认为是(广义)相对论的概念起源,是有道理的。

参考文献

［1］ Kittel C. Thermal Physics[M]. New York: John Wiley & Sons, 1969.

［2］ Hertz H. The Principles of Mechanics[M]. Dover Publication, Inc., 1956. 德文原文于 1894 年（即赫兹辞世的当年）出版.

［3］ Poincaré H. Cinématique et Mécanismes: Potentiel et Mécanique des Fluides[M]. Jacques Gabay, 2008.

［4］ Einstein A. Kinetische Theorie des Waermegleichgewichtes und des zweiten Hauptsatzes der Thermodynamik[J]. Annal. Phys., 1902, 9: 417-433.

［5］ Suisky D. Euler as Physicist[M]. Springer, 2009.

［6］ Hankins T L. Sir William Rowan Hamilton[M]. The Johns Hopkins University Press, 1980: 178.

［7］ Penrose R. Road to Reality[M]. Vintage books, 2004: 686. 原文照录如下: The answer provided by practically all successful physical theories, from the time of Galileo onwards, would be given in the form of a dynamics—that is, a specification of how a physical system will develop with time, given the physical state of the system at one particular time.

［8］ Dirac P A M. The Principle of Quantum Mechanics[M]. Oxford University Press, 1982.

[9] Cropper W H. Great Physicists: The Life and Times of Leading Physicists from Galileo to Hawking[M]. Oxford University Press, 2004. 原文照录如下: It (kinematics) shows us how motion occurs without defining the forces that control the motion. With the forces included, as in Newton's mechanics, kinematics becomes "dynamics".

[10] Manin Yu I. Mathematics as Metaphor[M]. The American Mathematical Society, 2007:115. 原文照录如下:For the mathematician an isolated system consisted of: (a) its phase space, i.e., the set of possible instantaneous states of motion of the system; (b) the set of curves in phase space describing all possible histories of the system, i.e., sequences of states through which the system passes in the course of time. The first of these data is kinematics, the second is dynamics! It is important to distinguish a state of the system from a state of its motion.

[11] Galison P L. Einstein's Clocks, Poincaré's Maps : Empires of Time [M]. New York:W. W. Norton & Company,2003:18.

[12] Cao T Y. Conceptual Foundations of Quantum Field Theories[M]. Cambridge University Press, 1999: 90. 原文照录如下: … in Newtonian (or special relativistic) dynamics, Euclidean (or Minkowskian) (chrono)geometry with its affine structure, which is determined by the kinematic symmetry group (Galileo or Lorentz group) as the mathematical description of the kinematic structure of space (time), determines or reflects the inertial law as its basic dynamical law. In these theories, the kinematic structures have nothing to do with dynamics. Thus dynamical laws are invariant under the transformations of the kinematic symmetry groups. This means that the kinematic symmetries impose some restrictions on the form of the dynamical laws. However, this is not the case for general relativistic theories. In these theories, there is no *a priori* kinematic structure of spacetime, and thus there is no kinematic symmetry and no restriction on the form of dynamical laws.

[13] Jenny H. Kymatik: Wellenphänomene und Schwingungen[M]. AT Verlag,2001.

之七十一 焦

> 语言是想象力的出发点,语言也是想象力的目的地。
>
> ——毕飞宇

摘要 Focus 与 caustic 都来自燃烧。焦点、散焦线,先前看似梦呓般的几何概念,却有着由物理植入的朴实内涵。数学是物理的。

一、引子

一直以来,笔者有一个观点:数学是物理的(Mathematics is physical)。这么说,因为对数学家们所发展出来的高度抽象的数学并不懂甚至连听闻过的也很少,我心里是很忐忑的。但是,就那些我能理解的简单数学来看,这么说还是有点根据的。数字来自计数的需求,十进制和二十进制是因为我们的手指头和脚趾头的数目,而十二进制的存在则是因为地球绕太阳的周期除以月亮绕地球的周期取整以后的结果;平面几何来自丈量土地的努力,积分来自求面积和体积的实践;从指数函数和对数函数能看到放高利贷者的嘴脸,概率论得自赌徒的思索。就算那些高等一点的数学,物理的影响也依然可见,如威力强大的傅里叶分析起源于欲从圆盘边缘上的温度测量获知整个圆盘上的温度分布,它展现威力的地方依然是物理学领域;纤维丛理论与规范场论平行发生且至少是互相影响的，等等。数学如同风筝，总有一根线——看不见只能怪眼拙——将它同现实的大地相连接。就这一点来说，数学就是想象力；人们的想象力离开现实的大地从来都跑不出二里地去——二十世纪八十年代科幻电影如《未来世界》的编导们，敲破脑袋也想象不到 30 年后中国大地上的乞丐会用划屏的手机。如果一个数学分支敢断言它绝没有也不需要物理现实的基础，我还真为它的正确性捏把汗。物理的现实不仅是数学发生的基础，一些数学的概念和内涵干脆就是由物理现实植入的，焦点、焦散线及一众相关概念就是一例。

二、燃点与焦点

焦，与烧、烤有关，其下四点即为火之象形，所以在谈论焦点之前不妨先考察几个与燃烧有关的带"点"的词汇。与燃烧现象有关的几个概念，包括燃点、发火点、引火点、自燃点等，汉语字面上都和焦点接近，但它们实际上指的却是温度。由于是很早就出现的概念，且对应的物理现象本身就不易严格定义，因此在用法和释义上也比较混乱。燃料的 fire point（燃点、发火点）是指这样的温度，在此温度下其蒸汽能在被明火点燃后还继续燃烧 5 秒钟以上，而 flash point（引火点）比 fire point 要低一些，在此温度下燃料的蒸汽和空气的混合物刚好可燃，却又不足以维持燃烧。燃点的英文也用 combustion point。此外，还有自燃点（kindling point，autoignition temperature）的说法，指物质自发燃烧所需的最低温度，它当然同外部气压以及其中参与燃烧的气体的浓度有关。白磷在一般大气条件下的自燃点约为 34 ℃，稍经摩擦升温即能自燃，因此被用来制造火柴。

燃点（fire point，combustion point）的德译为 Brennpunkt，字面上的对应丝丝相扣。但是，Brennpunkt 的英文解释还有 principal focus，Brennpunkt 的汉译和 focus 的汉译一样，都是焦点，即（容易）烧焦的地方，但这是一个空间概念[①]。Focus，真的就是（容易）烧焦的地方——或者说得学术一点，是射线（ray）汇聚的地方——吗？

[①] 对于煎饼、香肠等食品，似也可把将其烤得外焦里嫩所需的最低温度定义为焦点。

三、炉子

炉子是人类的一大发明,得自人类对火和热的需求。炉子的概念自然也融入到文化中去了,看到官法如炉、另起炉灶、炉火纯青、洪炉点雪等成语,人们很容易基于关于炉子的经验而会心一笑。《三国演义》载,东吴遣使上书,劝曹操早登大位。"操观毕大笑,出示群臣曰:'是儿欲使吾居炉火上耶?'"居炉火上的感觉,靠近炉火便知,不必测试,无须解释。

炉子对物理学的贡献厥功至伟,这表现在量子力学、热力学和光学的发展方面,并进而影响了几何学和天体力学。壁炉的形象提供了黑体的模型,对黑体辐射公式的统计力学解释要求 $\varepsilon/(h\nu)$ 为整数,从而有了光的能量子的概念。而对光学、天体物理和几何学非常重要的 focus 此一概念,其本义就是炉子。知道了 focus 的本义是炉子,也许许多物理学早期文献中的内容就好理解了。

四、Focus

Focus,拉丁语的意思为炉子,对应英语的 fireplace,hearth,到了英语里还有了着火的意思,即 to flame, to burn。开普勒关于行星轨道的第一定律说,行星的轨道是以太阳为 foci 之一的椭圆。注意,我们看到的第一定律的表述是在开普勒之后经过了近两百年改造以后的形式,这个定律的原型应该出现在开普勒 1609 年的著作《新天文学》(*Astronomia Nova*)中。我没见到过原文,见了也读不懂,不知道当年开普勒把太阳描述为 focus 时,是否是比喻,因为太阳真的是我们这个天空中唯一

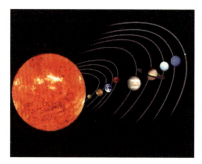

图1　太阳系的中心是太阳这么个大火炉子,行星轨道是绕这个炉子的椭圆

的大火炉[①]。看看天空,行星的轨道是围着太阳这个火炉子的(图1),也许这才是开普勒用 focus 时的本义。支撑笔者这个猜想的一个事实是,所谓的椭圆以及椭圆有两个 foci 的说法,都是后来的事情。在开普勒探究行星轨道的时候,因为天空中只有太阳这只火炉子作为参照物,放弃哥白尼的圆轨道模型后

---

① 遥远的星空中还有很多这样的大火炉,不过跟我们的关系不大。

他能想到的替代物应该是卵形线,我愿意干脆说就是咸鸭蛋模型——一个黄亮的大锚点,行星绕着它沿卵形线运行。可惜的是,开普勒那时候还没有卵形线的方程,这条路走不通。

所谓的椭圆有两个 foci,two focal points,且 focal point 可以理解成中文的焦点或者德语的 Brennpunkt,这都是后来的事情。注意到椭圆和双曲线、抛物线、圆一样都是 conic section(圆锥截面)的特例,都是有心力场中物体运动方程的解,则椭圆一定有只需一个 focal point 的定义,而不是反过来要把圆理解成是两个焦点叠加到一起的退化椭圆。

把凸透镜放在阳光底下,透过的阳光会汇聚到一点,那一点的光能量密度最大,很容易把处于该处的东西烧焦或者点燃[①](图 2)。这一点就相当于一个炉子,直到此时它才有所谓的焦点(光的汇聚点)的意思。那个作为 focus 的太阳可是一直朝外放射光芒的。

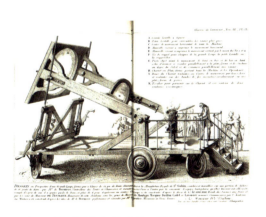

图 2 拉瓦锡等人用透镜汇聚阳光点燃金刚石以证明金刚石是由炭元素构成的

经过给定的几何面反射或者通过的(光)线有无穷多条,难道确定一个透镜的 catoptrics、dioptrics 性质要跟踪无数条线?天才的高斯为透镜设置了两个主平面和两个焦点(two principal planes and the two principal foci)[1],于是成像问题只需考虑两条线就够了。而 focal point,这一带有物理内容的概念,就被用来描述数学对象的性质了。忽然间,双曲线、抛物线、椭圆和圆这些几何图

---

① 用透镜生火是一项基本的野外生存技能。凸透镜干脆就被称为是 burning lens。

图3 抛物面形大锅。取决于其表面反射的波谱，它既可以用来烧水也可用来测量宇宙的背景辐射

形都有了焦点①。焦长的概念，focal length，也是高斯引入的。抛物面会将垂直入射的平行光束汇聚于一点，那里是实实在在的高能量密度的地方，且不大的整体尺寸就足以大过其焦长，所以抛物面成了太阳能或者宇宙射线接收器的标准样式（图3）。当然了，一个物理的概念一旦进入了数学，可能就不那么物理了——用一束平行光照射到凹透镜上，你就别指望在它的 virtual focal point（虚焦点）上把东西烤焦。

Focus 的用法，人们如今已经很难想起它是炉子的意思了。更多地，它给人们以光线汇聚到一起的形象，因此 focus 作为动词就有了 concentrate 的意思，如 focus one's mind on a question（把精神集中到某个问题上）。Focus 作为动词也延伸出了一些的新词汇，如 defocus，a defocused beam 汉语就译成"散焦射束"。不过，在中文光学中，散焦、焦散的说法涉及的可是另一个与燃烧有关的词——caustic。

五、Caustic，聚焦还是散焦？

真与烧、烤有关的数学、物理概念是 caustic。Caustic 来自拉丁语的 causticus，希腊语的 καίω，就是烧（to burn）。Cauterization 是医学上的烙术、烧灼术，cautery knife 和 cautery needle 就是烧灼用的刀和针。Caustic 在数学和物理中用于 caustic curve，caustic surface 等概念，其本身也用作名词。Caustic 指自某几何体上——数学上叫流形（manifold）——反射或者折射的射线的包络。在物理的语境中，caustic 就是光线反射或者折射后的包络。这个包络自然是能量密度最大的地方，最能把柴火点着的地方，因此是真正的 caustic（to burn, burning）。这 caustic 分明是光聚集的地方，不知为什么汉语要把 caustic curve 译成焦散曲线，caustic surface 译成焦散面，这不成心误导人玩吗？不过也有明白的把 caustic surface 译成聚光面的，或许称为聚焦面更合适点。对于复杂的反射或折射面，如波动的水面，其所形成的聚光的包络很难用 caustic curve（曲线）或 surface（表面）描述（图4），所以干脆说是 caustic 就

---

① 在焦点这个物理概念被引入之前，抛物线、椭圆之类的曲线只能是靠方程定义的？

行了。

通过设计反射或者折射面的几何，人们可以得到任何想要的聚焦花样（caustic patterns）。彩虹就是 caustic，是由水滴反射阳光形成的，不同波长的光的包络围成不同半径的圆弧（图 5）。有人把磁场回转（magnetic field reversal）的图像称为 Faraday caustics。磁场又不是矢量，这 Faraday caustics 何解，不懂。不过，材料的一些不均匀性质，比如厚度或者其中应力的不均匀性，都可能引起反射或透过的光线或者磁场表现出包络线。因此，测量材料的应力场也有用 caustic method（焦散线法）的。

图 4　常见于游泳池底的 caustic

图 5　水杯的 caustic 形成彩虹

Caustic 之燃烧的本义还体现在 caustic soda（NaOH）和 caustic potash（KOH）等词汇上，caustic 强调这些物质（的水溶液）在皮肤上会引起灼烧的感觉。汉语把 caustic soda 译成烧碱，而把 caustic potash 译成苛性钾，苛性大概是对 caustic 的半音译。愚以为这一类物质，至少这两种物质都是烧碱，科学点应该选用"强碱（strong bases）"一词；相应地，caustic soda 和 caustic potash 分别译成苛性钠、苛性钾，或许更合理一点。

六、Catacaustic

Caustic 还有个近亲 catacaustic。Catacaustic 的前缀 cata-，如同 meta-，意思繁多，大体来说有：(i) down, downward，见 catabolism（往下扔→代谢）；(ii) away, completely，见 catalysis（全部松散→催化）；(iii) against，见 catapult（朝着扔→抛石机）；(iv) throughout，见 cataphoresis（一直携带→电泳）；(v) backward，见 cataplasia（后退着成型→退化）等几种可能。在 catacaustic 中，cata 应该是取 backward 的意思。Catacaustic 有人就将之翻译

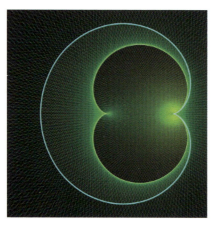

图 6 Catacaustic of a cardioid（心形线的背焦散线）

成焦散线,也有人将之译成回光线。参照 catacaustic 的定义, the catacaustic of a curve in the plane is the envelope of rays emitted from some source and reflected off that curve（一条曲线的 catacaustic 是自一点发出的光线经该曲线反射后的包络）,因此也许贴切点的译法应该是背焦散线或者反射焦散线[①]。Catacaustic 是有趣的代数和几何问题。考察一个心形线,即绕相同半径的圆滚动的圆上某点的轨迹,若从其尖端发出光线,则其 catacaustic 乃为 nephroid（图 6）,即绕两倍半径的圆滚动的圆上某点的轨迹。那么, nephroid 的 catacaustic 又是什么样子的呢？这个问题可以一直问下去。另一个有趣的曲线是对数螺旋（$r = ae^{b\theta}$）。Jacob Bernoulli 发现对数螺旋的渐屈线和渐伸线都是对数螺线；自极点至切线的垂足的轨迹也是对数螺线；它的背焦散线呢,也还是对数螺线。

七、絮叨

数学是物理的,反过来物理更必须是数学的。任何数学都存在它的物理实现,也许不一定；但任何物理都存在最适合描述它的数学,是确定无疑的。物理学必须服从数学。认为物理学可以挣脱数学的限制,供自己任意妄想（尤其是在缺乏实验帮忙纠错的情况下）,结果可能会得到一些一钱不值的所谓物理理论。那些仅由实验数据和数值模拟所表示的粗糙结果,要想成为真正的物理知识,还差得太远。年轻学子去糊弄这样的成果是必经的训练过程,而 senior scientists 再醉心于这样的工作,就是对自己生命的浪费了。

此篇源于二月初与家人的闲谈,当时冥冥中仿佛有先贤的絮语在耳边萦绕。窗外几片小雪飘过,不由让人想起白居易的那首《问刘十九》:"绿蚁新醅

---

① 在 catoptrics 中的 cata-也是返回的意思,有人把 catoptrics 翻译成反射光学。相应地, dioptrics（dia = through）应该是研究光线自光学元件穿透过去情形下的光学。汉译"屈光学",估计是把它绑定在 refraction（折射）图像上了。哪里有什么屈光学了。不负责任的翻译害人不浅。

酒，红泥小火炉。晚来天欲雪，能饮一杯无?"依着温暖的壁炉(furnace，focus)，手捧一杯新熟的葡萄酒，欧陆的物理学家们，是这样从炉子参悟光学和力学之内蕴的吧？

补 缀

1. 地震学家们把震源称为 earthquake focus。

参考文献

[1] Mach E. Principles of the Theory of Heat[M]. D. Reidel Publishing Company, 1986: 361.

之七十二 什么补偿！

> 但是科学不仅是逻辑的，也是历史的。
> ——王正行

摘要 Compensation 常出现在热力学第二定律相关的表述中，这个英文词及其汉译"补偿"却曾让笔者在热力学第一定律的层面上打转。

一、引子

西门庆是成功人士的典型，自有其道理。其成功不只是在于智商、情商皆高，不为自己的行为设下限，还在于其真的懂得并能自觉地运用物理学。为了巴结上当朝宰相蔡京①，他精心准备了四件能挠到宰相大人痒痒肉的礼物。西门庆的精明之处在于知道要想把礼物送至宰相大人台前且能让宰相大人知道送礼者是他西门大官人，花钱的主要方向就不在礼物上，给相府大管家的好处才是花销的大头。你不得不佩服，西方人敲破脑袋才能想明白的关于这个世界运行的基本规则，即热力学第二定律，在西门大官人这个不学有术者那里凭直

---

① 蔡京还真是个文化人。其书法作品没有共同作者，想来应该出自其本人之手，与其名望（与苏轼、黄庭坚和米芾齐名）、学术地位（翰林学士兼侍读、太师）是相符的。

觉就运用得滚瓜烂熟。

西门大官人送礼一节,有助于理解"理解热力学"的关键,即功－热转换过程中所隐藏的一个奥秘——源自克劳修斯的 compensation 的概念[1]。不知 compensation,似乎不足以言 entropy(熵)。Compensation,是对克劳修斯用的动词分词 compensiert① 的英译,在汉语热力学语境中被随手翻译成"补偿",且有"非自发过程若发生,一定要有补偿,补偿的目的在于使孤立体系的熵不减少"一类云里雾里的论述。补偿? 什么补偿?

二、热力学

人类对冷热问题的思考由来已久,酒精温度计早在 1654 年(对应中国的明朝末年)就已出现,但热力学则是在 1824 年才初露端倪,其标志为卡诺的论文 *Réflexions sur la puissance motrice du feu et sur les machines propres à développer cette puissance*(关于火的驱动能力以及发挥此一能力之适当机械的思考)。热力学的起源在于提高热机效率之努力所带来的沮丧。到底是什么限制了热机的效率? 卡诺看到了确实有个由可逆过程确定的不依赖于工作介质的效率上限。克拉伯隆(Émile Clapeyron)1834 年在 *Mémoire sur la puissance motrice de la chaleur*(关于热的驱动能力)一文中阐明了卡诺的思想,引入了关于热机工作循环的图示,并试图用含温度、体积和压强的公式去表达热机效率。注意,卡诺关注的是火的驱动力,克拉伯隆关注的是热的驱动力,而在 1850 年代到了克劳修斯那里研究对象已经变成了热本身。在短短的 30 多年时间里热力学完成了从具体到抽象的升华,确实是物理学史上独特的风景[2]。克劳修斯研究了卡诺和克拉伯隆的文章,当然还有此前关于热－功转换和热的本质等问题的研究,在克拉伯隆图示的卡诺循环上看出了门道。这个门道涉及 compensation(和 equivalence 关联)的概念,这是熵概念的思想基础。

克劳修斯考察了热－功、功－热转换② 以及热机循环,他发现一个有趣的现象:功可以在不引起其他效应的情况下转化成热,但热转化成功就不行;热可以在不引起其他效应的情况下自高温处流向低温处,但自低温处流向高温处

---

① 原文如此,奇怪! 德文拼法应是 kompensiert 才对。
② 热－功、功－热转换还是要区分的。焦耳的工作是确定了功的热当量,而非热的功当量。对于有志于研究物理的人来说,这个差别可不是细微的!

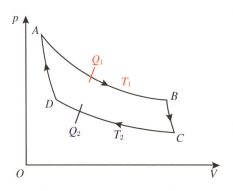

图1 在温度分别为 T_1 和 T_2 的高温热库和低温热库之间的热机循环。高温处吸收的热量 Q_1 可以看成转化成功的部分 Q_w 加上注入低温热库的部分 $Q(Q=Q_2)$ 之和

就不行。这里克劳修斯在1854年一篇文章中的思考方式,按照马赫的说法,是 took a freer standpoint[2],我觉得就是天马行空式的①。他把这些过程分成正、负两类:那些不需要其他会被保留的变化掺和的(ohne dass dazu irgend eine sosnstige bleibende Veränderung nötig ist),是正的,如热自高温向低温处的转变(transformation)和自功向热的转变 (heat from work);而那些必须出现其他变化的,是负的,如热自低温向高温处的转变和自热向功的转变 (heat into work)。对于可逆过程,其过程中发生的事情是 compensiert 的,即所涉及的功呀热呀什么的,其有个等价量(Aequivalenz,英文为 equivalence),其代数和是为0的。考察一个卡诺循环,自高温热库吸收热量 $Q_1 = Q_w + Q$,其中 Q_w 转化成了功,而 Q 流入低温热库(图1)。Q_w 转化成了功,其等价量的值为 $-Q_w f(T_1)$;而 Q 流入低温热库,其等价量的值为 $QF(T_1, T_2)$,这里的 $f(T)$ 和 $F(T, T')$ 是性质不明的函数。对于函数 $F(T, T')$,显然应该有 $F(T_1, T_2) = -F(T_2, T_1)$。那么,$f(T)$ 和 $F(T, T')$ 之间该有什么样的关系呢? 克劳修斯写到,可以把在高温处吸取的热量 $Q_1 = Q_w + Q$ 看成全转化成功了,而传递给低温源的热量 Q 权当都是由功转化而来的,过程的可逆性意味着其等价量的值为0,即 $-(Q_w + Q)f(T_1) + Qf(T_2) = 0$;也可以把在高温处吸取的热量之 Q_w 部分看成转化成功了,而热量 Q 部分是自高温源传递给低温源的,过程中等价量的值为0,即 $-Q_w f(T_1) + QF(T_1, T_2) = 0$。由此得到关系式 $F(T_1, T_2) = f(T_2) - f(T_1)$。克劳修斯继续写到,根据一个日后会变得明了的(der später ersichtlich warden wird)原因,取 $f(T) = 1/T$,则有 $-Q_w/T_1 + Q(1/T_2 - 1/T_1) = 0$。至此,在克劳修斯的视野里出现了 Q/T 这样的量。正是

---

① 汉语成语"天马行空"谓思想洒脱、不受框架约束。有趣的是西方的天马——生双翅的 pegasus,其蹄子刨出的水乃是灵感之泉。更有趣的是,循着哺乳动物是如何丢失了掌控飞行能力的基因的思路,可以推测马是最后一个丢失飞行能力的哺乳动物,因为它和硕果仅存的飞行哺乳动物——蝙蝠——基因最接近。一条正确的科学内容,会有不同的途径指向它的正确,信夫?

关于循环过程中量 $\oint dQ/T$ 的研究，才导致了熵(S)概念的引入。

克劳修斯引入这个所谓的等价量（Aequivalenz），是为了 die Verwandlungen als mathematische Grössen darzustellen（把转化当成一个数学的量去表示），这也是他要用 entropy 这个词（tropy 的本义是转变、指向的意思）去表述这个等价量的原因。

克劳修斯在这篇文章中好象只用了一次 compensiert。请注意，Kompensation 来自拉丁语动词 compensare，是 com，with + to weigh，其本义和 equilibrium（平衡）是一样的[3]，其实是对 equivalence 的说明。在德语中动词 kompensieren 就是均衡、平衡、抵消的意思，如 die Wirkung zu kompensieren（抵消效果）。如果把 compensation 理解为传热过程中某种补偿的话，笔者愚笨，总是把它理解成能量意义上的补偿，也即只想到热力学第一定律的层面上。似乎这样理解的人还有不少，比如如下这句就源于同样的误解：Here work produced is compensated by influx of heat, keeping the internal energy fixed（这里产生的功由流入的热量来补偿，而内能保持不变）[4]。

有趣的是，compensate, compensation 却不断出现在一些英文热力学书籍中，如 Reversibility was essential in Clausius's argument leading to equation (13) because it enabled him to assert that the two kinds of heat transformations compensate each other[5]。这算是好的，因为它指明了是两种转化 compensate each other。我不知道对于操英语的学者来说 to compensate each other 是如何理解的。我的有限中英文知识会让我随意就想到"互相补偿"，虽然物理上这应该指的是"（等价量——熵——的）正好互相抵消（sich gegenseitig gerade aufheben müssen）"。也许，to be equivalent 更容易理解些。提请读者朋友们注意，equivalence 与 equilibrium 才是热力学的中心概念——在其他物理领域也是这样，因为它们才导致 equations[3]。至于 compensation，克劳修斯只是随手用了一下而已。有了熵的概念以后，可以把此问题用一种更明了的方式表述了吧？

三、絮叨

克劳修斯引入 entropy(熵)概念的关键是表达式 $Q_1/T_1 = Q_2/T_2$。他得到这样一个表达式的思维过程，是天马行空式的。William Thomson，即开尔文爵士，在1849年也得到了类似的式子 $W = JH(T_1 - T_2)/T_2$ [6]，他得到这个式子的推导过程笔者至今没有看懂。我甚至觉得那里有错。可那又怎样呢？问题不在于推导过程中有没有错，而是物理学的创造者们知道如何在黑暗中看到远处正确的亮光。至于其间琐碎又神奇的过程，胡乱拼凑的教科书哪管这些呢。

补缀

1. 其实，第一定律，或者所谓的能量守恒定律也是关于补偿的故事，$y = kx$，总可以为原因和结果各赋予一个量，两者量纲相同（如热和功，这是一种选择哦），其中一个量的增减对应另一个量的减增，于是有守恒律。在热力学第一定律的普朗克形式 $dU = \Delta Q + W$ 中，ΔQ 是热质的增加；而在另一种方式 $dU = Q - W$ 中，Q 是 energy in transfer，本身就有差的意思。在这两个表达式中，热的实质形象有了转换。等到有了 $dU = TdS - pdV$ 这样的 Pfaffian form 表达式，S, V 是系统的量，p, T 则是环境的量（平衡态时系统-环境脱离后，系统的强度量才是不变的），而 dU 描述的是系统-环境的接触，因此这个公式描述的几何是 contact geometry。

2. 克劳修斯论文中有 sich gegenseitig gerade aufheben müssen, so dass ihre algebraische Summe Null ist（正好相互抵消，因此其代数和为零）的字样。

   dafs die darin vorkommenden Verwandlungen sich gegenseitig gerade aufheben müssen, so dafs ihre algebraische Summe Null ist.

3. 如果对克劳修斯的 Äquivalenz 概念感到不好理解，请注意爱因斯坦广义相对论的概念基础之一是 the equivalency of inertial and gravitational mass（惯性质量与引力质量之间的等价），马克思的政治经济学的概念基础之一是 allgemeine Äquivalenz（一般等价）。在马克思的 *Zur Kritik der Politischen Oekonomie*（《政治经济学批判》）一书中，Äquivalenz 随处可见，例句如 "Der Tauschwert der Waren, so als allgemeine Äquivalenz und zugleich als Grad dieser Äquivalenz in einer spezifischen Ware, oder in einer einzigen Gleichung der Waren mit einer spezifischen Ware ausgedrückt, ist Preis. Der Preis ist die verwandelte Form, worin der Tauschwert der Waren innerhalb des Zirkulationsprozesses erscheint（商品的交换价值，

作为一般等价以及在某特定商品中此等价的程度值,或者表达为该商品同某一特定商品的等值关系,是价格)"。这句可以与热力学关于熵的引入问题相参校。德意志哲学啊,哺育了多少近代科学!

4. 把 equivalence principle 翻译成等效原理的人,还谈什么广义相对论。The principle of equivalence,等效原理,何效应之有?

参考文献

[1] Clausius R. Ueber eine Veränderte Form des zweiten Hauptsatzes der mechanischen Wärmetheorie[J]. Annalen der Physik und Chemie,1854,93(12):481-506.

[2] Mach E. Principles of the Theory of Heat[M]. D. Reidel Publishing Company,1986:361.

[3] 曹则贤. 物理学咬文嚼字018:等、平与方程[J]. 物理,2008,37(12):882-885.

[4] Salamon P, Andresen B, Nulton J, et al. The mathematical structure of thermodynamics[J/OL]. http://www.sci.sdsu.edu/~salamon/MathThermoStates.pdf.

[5] Cropper W H. Great Physicists: The Life and Times of Leading Physicists from Galileo to Hawking[M]. Oxford University Press,2004.

[6] Thomson W. An Account of Carnot's Theory of the Motive Power of Heat[J]. Transactions of the Royal Society of Edinburgh,1849,16(5):541-574.

之七十三 劳-功的篇章

Arbeit zieht Arbeit nach sich[①].
——德国谚语

摘要 功、能量、熵、遍历性，还有协同学，这些看似不同的概念有着相同的词源和思想渊源。物理学是劳-功的篇章。

一、劳动

弗里德里希·恩格斯是一个了不起的学者。劳动创造了人，原句为 Sie (die Arbeit) hat den Menschen selbst geschaffen, 是恩格斯著作《自然辩证法》中的一个命题[1]。人与动物的区别，始于猿之四肢中手与脚的分化。手因为劳动不断获得更大的灵活性，千百万年的劳动积累使得人类的手得以高度完善，其发展的每一步都扩展了人类的境界。真正意义上的劳动始于工具制造，实际上，恩格斯的原文中是把手本身也当成工具（Werkzeug）的。手不仅是劳动的器官，它还是劳动的产物（Thus the hand is not only the organ of labour, it is also the product of labour）。劳动还带来了协作的需求，从而产生

---

① 工作会招来更多的工作。

了语言。语言的出现，又促进了人类智力的发育，后来有了规划劳动的智力之可能，甚至今天的智力游戏也成了劳动本身的局面。尤为重要的是，劳动甚至成了人的存在方式，放弃劳动或者失去劳动能力或许会对生命力带来强烈的负面冲击。

既然劳动（德语 die Arbeit）对人具有决定性的意义，作为人类智力之塔尖的物理学，怕是不能摆脱来自劳动的影响，不，劳动的概念简直就是物理学恒久的主题。

二、功

如果阅读《自然辩证法》的英文版，可能看不出劳动的概念是物理学的主体，因为那里劳动用的是 labor 一词，它更多地是和艰难困苦相联系的。在德语中，劳动一词为 Arbeit，它也是物理学的基本概念——功。

功，是关于劳动（部分意义上）的度量。做功的多少，一个比较容易严格度量的情景是举起重物，因此"重量×高度差"天然地就成了功的单位，其量纲为[公斤·米]或者如今的[牛顿·米]。"重量×高度差"特别适合度量搬煤气罐上楼，从量纲上容易看出它等同于"拉力×距离"，因此可以用来定量化拉板车的辛苦。宋人有诗句"向来枉费推移力"，所谓"推移×力"，那就是功了。

中文的"功"作为物理学概念，是对英文 work，德语 die Arbeit，法语 travail 的翻译。这些西文词的本义就是劳动、工作、干活的意思，很平常的词汇。但是，这些词作为物理学的概念，是抽象出来描述物理过程的量，它自然同其日常意义是有些区别的。它们是对劳动的"部分意义上的度量"，这就是有"劳而无功""无惛惛之事者，无赫赫之功（荀子《劝学》）"等说法的原因。至于"部分意义"怎样理解，一言难尽。试举一例说明：你扛着一坨重物在那里一动不动，很辛苦的，但是却没有做功。又，试体会如下的句子：Arbeit ist also Formwechsel der Bewegung, betrachtet nach seiner quantitativen Seite hin（功，从其量的方面来看，可看成是运动的形式转换）。有兴趣理解这句的读者请阅读《自然辩证法》。值得注意的是，中文物理学因为是拿来的，其词汇选择有故意走高大上路线的习惯，故而"功"一词本来就有对劳动的"部分意义上的度量"的意思，毕竟"功"是值得犒赏的、有成就的劳作。中文不是有"没有功劳也有苦劳"的说法吗？

中文物理学有一个与"功"的概念有关的大隐患。Thermodynamics，中文习惯将之译成热力学，因此它也容易被当成所谓的力学①。但是，thermodynamics 在1849年首次被 Thomson，即后来的 Kelvin 爵士，引入时可是写成 thermo-dynamics 的（图1），它摆明了是关于两个平行概念的学问。Thermo 和 dynamics 分别来自希腊语的热与力，将 thermodynamics 译成热力学似乎不能算错。但是，我们必须知晓，物理学初期来自日常生活的概念其意义是含混的，force，power，work 常常是混为一谈的。Thermodynamics 是讲述热－功之间转换关系的一门学问，其主角是热和功（Thomson 在文中甚至用的是 mechanical effect，而非 work），而没有现代物理意义上力的位置。仔细看看热力学的主方程（cardinal equation）$dU = TdS - pdV$ 就能明白这一点。其右边第一项与热有关，第二项与功有关，热力学就是关于具有内能 U 的体系之热－功转化的故事（图2），而非关切力或者动力学过程。实际上，热力学的建立，是一直回避动力学问题的，故才有不可逆过程这样的一般教科书都不明所以的概念。有了主方程或者扩展的主方程，会一点关于 Pfaffian form 或者外微分的数学，热力学应该是不难学会的。

图1　Thomson 和他1849年的文章，其中他首次提出了 thermo-dynamic 一词

---

① 中文有所谓的四大力学的说法，不知始作俑者是谁。除了理论力学外，其他的三大力学与"力"几乎没有关系，也不可以当"力学" die Kraftslehre 来理解。

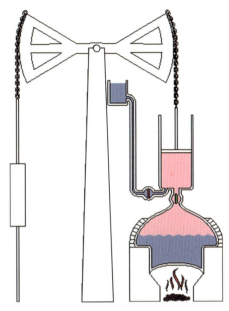

图 2　最原始的热机，右侧的加热－冷却装置是为了左侧的机械部分能做功，即把水从矿井中提上来。这样的装置就有了能力，按照图 3 里的说法，appear to energize

注意，work 来自德语的 Werk，但是物理意义上的 work（功）对应的却是德语的 Arbeit。德语的 Werk 除了平常的劳动、工作的意思以外，还对应汉语的作品，如 Kunstwerk（艺术品）；杰作，如 die Werke der Natur（大自然的杰作）；工厂，如 Wasserwerk（水厂），等等。而 Werkarbeit 干脆指手工制作，Werkstatt 指作坊或者艺术家的工作室。显然，Werk 的意思还是围绕离手之劳动不远的具体工作；而 Arbeit，工作，偏抽象一些，因而成了一个物理量。

三、能量

能量是物理学的核心概念，但它同样也只是一个日常词汇。它和劳作有关，这个词的希腊语为 ενέργεια（energeia），其词干为 έργον（ergon, work）。厘米－克－秒制下功和能量的单位，erg，就取自 έργον 一词。

据说 energy 一词记录最早的使用见于亚里士多德的著作[2]。在图 3 所示的截图中,亚里士多德谈到荷马习惯把无生命的事物用有生命物(animated①)加以比喻。但是如果事物是可以 animated 的,那若将之看作是能动的(because the things are animated, they appear to energize),也是合理的。为各种事物引入一个指代其行为能力(即对它者产生效应的能力)的物理量,这说不定是能量概念被引入物理学的思想基础。

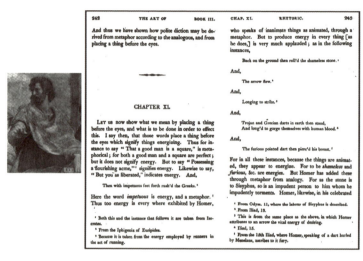

图3　亚里士多德著作英译本中论及能量的一节

"势(潜)能"概念恐早已经出现在亚里士多德关于潜能－实现(potentiality-actuality)的论述中了,"动能"概念的引入则要费些周折。运动物体速度的平方,乘以质量,即 mv^2,先前是被称为 vis viva (活力、生命力)的。Daniel Bernoulli 在1741年通过积分 $\frac{1}{2}mvv = \int pdx$ (这里 $p = d(mv)/dt$,是力)才确定了动能的形式为 $\frac{1}{2}mv^2$。

同能量相关联的重要物理学思想是能量守恒原理。Willem's Gravesande (1688—1742)发现自由落体的下落高度同其获得的速度之平方成正比,这可表示成 $\Delta H \propto v^2$。两边加上合适的比例因子,即找到正确的等价量 (equivalency),进一步地可表示为 $mg(H_1 - H_2) = \frac{1}{2}m(v_2^2 - v_1^2)$ (系数选取

---

① Animal,动物,能动的,本义为"喘气的"。

的一个约束是，两侧的量纲要相等；我们管 mgH 叫做重力势能），也即 $mgH_1 + \frac{1}{2}mv_1^2 = mgH_2 + \frac{1}{2}mv_2^2$。此即关于自由落体运动的能量守恒定律：速度和高度的变化互相转换，但其"等价量"的总和不变。引入一个叫机械能的量，E，对于一个落体，有 $E = mgH + \frac{1}{2}mv^2$。如果高度和速度（比如通过碰撞）独立地变化，则我们说这引起了体系之机械能的变化。

上述得到机械能守恒定律的过程，我猜可能也同样应用于热力学第一定律的获得了。功和热有相同的气质，功是把一定量的重物之高度提升多少之能力的度量，而热是把一定量的物质之温度提升多少之能力的度量。功是可以完全转化成热的，那就有一个比例关系，1 Cal = 4.18 J。1850年克劳修斯关于热力学第一定律的表述就是：如果用热做功，一定要成比例地消耗一些热；反过来，若这些功被消耗了，则会产生等量的热。它们可类比上节中的重力势能和动能，因此相应地可引入一个叫做内能的物理量 U，也就有了如下的热力学版的能量守恒定律：$\Delta U = Q + W$。其微分形式即是热力学的主方程 $\mathrm{d}U = T\mathrm{d}S - p\mathrm{d}V$①。不过，读者请注意，内能虽然有能量的量纲，但它本质上是个势函数，而且是个统计量。

守恒定律常常被表述为"（某物理量）既不会被创造，也不可以被消灭"，具体到能量，就是"能量既不会被创造，也不可以被消灭"[3]。每当看到这种表述时，我总是感到好笑。能量，除了作为概念被人类创造的时候，它何曾被什么过程创造或消灭过？物理学不就是努力通过引入诸如 $h\nu$，kT，mc^2，$\frac{1}{2}kx^2$ 这样的不同能量（表达形式）而去构造一个自洽的物理理论的吗？至少从能量被引入的过程来看，能量实际上是个虚的、数学的概念。可逆过程、空间可能也是具有类似品质的概念。我们不能把虚的、数学的概念当成存在，虽然我们是依靠数学的概念去构造关于存在的物理学的。有趣的是，能量如今被当成了比实在还实在的东西。如何脱离存在去理解能量，对愚如笔者之流确实是个挑战。我

---

① 有了 S，V 及其对应的强度量 T，p 就能描述一个热力学体系，内能的概念就是多余的，或者是仅为了理论的目的。就象对于落体，知道了高度和速度的平方——其相应的强度量由质量同重力加速度的组合给出——就知道了一切，而不再需要什么机械能。基于此，我觉得那个把理想气体的熵表达为内能和体积的函数公式，就显得有点荒唐。一点愚见，不一定正确。

总觉得被消耗的不是能量或者卡路里而是实实在在的物质,比如猪消耗的是饲料,车消耗的是油。而 $E = mc^2$ 也是体现在 $e^+ + e^- \rightarrow 2\gamma$ 这样的过程中的。电子-正电子湮灭成了一对具有一定能量的光子,而不是湮灭成了 pure energy。

四、熵

熵是热力学的关键概念。因为很少有转述者肯去理解它被抽象出来的过程,这个概念在热力学文献中常给人以一种云里雾里的感觉。在中文语境中,熵简直是"热力学之殇"。其实,熵概念的抽取同能量守恒定律的抽取一脉相承,都是自一个关于刺激-响应的比例关系引入一个等价量,即克劳修斯所谓的 Aequivalenz(英文 equivalency),从而将过程表达为守恒定律的形式。此过程的关键,是为刺激-响应,或者原因-结果,各找到一个同量纲的量[3]。量的守恒和量之变化为零这两种表述是等价的。理解了这一点,就明白了热力学中的所谓"能量守恒"表示 $dU = TdS - pdV$ 和熵概念赖以提出的等式 $\oint \frac{\delta Q}{T} = 0$,其依据的是同样的哲学,遵循的是同样的数学路径;进一步地,我们也就能理解为什么热力学第一定律和第二定律其实是深度耦合的了。$\oint \frac{\delta Q}{T} = 0$ 意味着存在一个积分不依赖于路径的势函数,即熵,entropy。

克劳修斯是将 Energie(能量)和 trope(转换)合在一起创造出的 Entropie 一词,其用意是强调这是一个描述能量转换过程的等价量。虽然从字面上已经看不到"工作(ergon)"一词了,但是,其词头 en 表示能量,它依然是一个关于劳-功的关键物理概念。关于熵,本系列已有两篇专门讨论过[4,5],此处不再赘述。

五、遍历理论

Ergodic 一词来自希腊语的 έργον(ergon, work)和 οδός[①](odos, path or way),字面意思是"做功路径"。该概念由玻尔兹曼在研究统计物理问题时提出[6]。它指的是如下的假设:对于一个处于平衡态的由足够大数目的相互作用粒子构成的体系,其(性质)沿单一轨迹(路径,οδός)的时间积分等于对相空间

---

① method,方法,就来自 μετα + οδός。

的积分,即时间平均等于系综平均。玻尔兹曼的 ergodic 假设一般来说是没根据的,但是关于这两个量,即沿单一路径的时间积分和关于相空间的积分,得以相等之条件的研究导致了 ergodic theory 这门学科的诞生。关于 ergodic theory 的现代描述为:这是一门研究随时间演化系统之长期平均行为的学问[7]。Ergodic theory 如今更多是一门数学,是关于概率空间之保测度变换的研究,其构成包括概率空间、σ-代数、测度和变换。

Ergodic theory 被汉译成"遍历理论",表意层面上不好说它偏离原意,但字面上肯定未传达原意。遍历理论,仅从字面理解,笔者常会由它想到费曼的路径积分的图像:在那里,从一点到另一点的所有可能路径都原则上会经历,并被赋予不同的几率(幅!)。

Ergodic theory 是统计物理的基础。体系的状态可用相空间里的点描述。对于给定的一组(x_q, p_q),这就构成了系统的一个态,对决定系统的行为有同样的权重!这样,系统处于能量 E 的概率就正比于能量 E 所容许的状态数①,这便是统计物理的基本假设,热力学入门课程中的分子动力学所涉及的气体粒子数关于速率的分布——Maxwell-Boltzmann 分布——即由此而来。笔者的统计物理和数学知识不足以讨论这个 ergodic theory 的深入内容,就此打住,有兴趣的读者可参阅文献[8].

六、协同学

协同学也是关于劳-功的一门学科。所谓的协同学,synergetics,来自希腊语 συν + εργον,字面上的意思就是 working together,大致可理解为 cooperation。笔者最先接触到的协同学是 Hermann Haken 受激光理论的启发所建立起来的一门交叉科学[9]。Haken 把激光原理诠释为非平衡态系统的自组织,并进一步试图解释远离平衡态的热力学开放系统中花样与结构的自组织形成过程。自组织要求系统包含许多非线性相互作用的子系统,其关键概念是序参数。笔者当年稀里糊涂选择了激光专业,毕业论文就是参考 Haken 的协同学去模拟有序花样的产生。可惜的是,笔者基础太差,未能理解那本书的

---

① 仔细玩味玻尔兹曼这样的思想家对物理学的贡献,发现那个按照"非功不侯"原则颁发的诺贝尔奖之得主,其大部分确实和这些思想家不在一个层面。有些地方大肆宣扬居里夫人,却不知居里先生兄弟俩才对物理学有更深刻的、带思想性的贡献,不能不说是一种悲哀。

内涵，自然也谈不上能做出一篇研究论文。

Synergetics 是由 Buckminster Fuller[①] 造的词，以指代对变化中的系统的经验研究，强调系统之不能基于其单元行为可预测的整体行为（类似于"整体大于个体之和"的思想，这里强调的是整体的行为超越基于个体行为所能作的预期）。富勒的协同学影响了很多人[②]，结出了几大硕果，除了 Haken 的自组织以外，还有 Amy Edmondson 对四面体和二十面体几何的探索（富勒自己是这方面的大拿[10]），Stafford Beer 关于社会语境下的 geodesics 的研究。Geodesics，earth + to divide，中文随便被翻译成了测地学，在广义相对论中 geodesic 被译成测地线。其实，geodesics 更多地是关切划分而非测量，其研究对象为（如何找到）曲面上的短程线。我一直容易把 geodesics 和 ergodicity 这两个词弄混，原因不明。

七、多余的话

恩格斯的《自然辩证法》用大量的篇幅讨论劳动（功），真可拿来作为学物理的入门书。恩格斯太伟大了，他不仅认识到了劳动创造了人，而且还认识到劳动创造出了职业的劳动成果占有者。忽然想起，这学术的研究也一样是人类的劳动形式，恐也不能逃离恩格斯指出的普遍规律吧："依靠自身劳动的私营业者也必然会发展起对劳动者（workers）的剥削，而财富也会越来越集中到非劳动者（non-workers）的手中。"诚哉斯言。只是不知道当其时也，恩格斯是否也如宋朝"昨日入城市"的蚕妇，在认清了"遍身罗绮者，不是养蚕人"此一太过正常的现实时，不由得泪流满面？

物理，是关于存在的道理，有抽象的内容，使用抽象的工具与方法，却永远不可能脱离存在的现实。这是笔者这些年来获得的对物理学的一点粗浅认识。

---

① 这位伟大的思想家、几何学家、建筑师如果知道他的名字在中文中是和恶俗的富勒烯、石墨烯相联系的，不知会作何感想。

② 读到富勒的 Life begins with awareness of environment 这句时，我觉得好象对生命作为非平衡态热力学系统的理解更深了一步。热力学考虑的是系统 + 环境，其主方程 $dU = TdS - pdV$ 的几何是所谓的接触几何。关于自然的学问，相通性可能是其正确性的一个表现。

补缀

1. 文中"能量既不能被创造也不能被产生"一句引自 F. Hermann 的书 *Altlasten der Physik*，这容易让人误解这是 Hermann 持的观点，实际上 Hermann 的书对相关观点有相当深入的批判，很有参考价值。
2. 能量就是个物理量而已。
3. 在希腊语中，έργόν (work)，ενέργεια (energy) 和 πρᾶξις (praxis) 是同义词。
4. 惰性气体氩的英文 argon (αργόν)，是形容 αργός (inactive，不活泼) 的中性形式。

参考文献

[1] Engels F. Anteil der Arbeit an der Menschwerdung des Affen（劳动在从猿到人的进化过程中的作用）. 此文写于1876年，是恩格斯一篇未完成的文章，后收录为 Dialektik der Natur 的第四部分. 英文题为 The Part played by Labour in the Transition from Ape to Man.

[2] Aristotle. The Rhetoric, Poetic, and Nicomachean Ethics[M]. Book Ⅲ, Ch. Ⅺ, English translation by Taylor T, Black, 1818: 242-243.

[3] Hermann F, Job G. Altlasten der Physik[M]. AULIS Verlag, 2002.

[4] 曹则贤. 物理学咬文嚼字 027：熵非商—The Myth of Entropy[J]. 物理，2009，38(9)：675-680.

[5] 曹则贤. 物理学咬文嚼字 072：什么补偿！[J]. 物理，2015，44(5)：343-345.

[6] Boltzmann L. Vorlesungen über Gastheorie[M]. J. A. Barth, 1898: 89 (in the 1923 reprint).

[7] Dajani K, Dirksin S. A Simple Introduction to Ergodic Theory[Z]. 2008.

[8] Diu B, et al. Grundlagen der statistischen Physik[M]. de Gruyter, 1994. 其附录有一章 Genaue Begriffsbildung zur Ergodenhypothese （遍历假设的精确概念构造）.

[9] Haken H. Synergetics: An Introduction: Nonequilibrium Phase Transitions and Self-Organization in Physics, Chemistry, and Biology[M]. Springer, 1983.

[10] Fuller R B. Synergetics: Explorations in the Geometry of Thinking [M]. Macmillan, 1975.

之七十四 保守与守恒

> It is not the job of philosophers or anyone else to dictate meanings of words different from the meanings in general use.[①]
>
> ——Steven Weinberg

摘要 Preserve 和 conserve 都是强调保持某个事物不变，在物理学中它们是和 symmetry，invariance 相关联的，从属于一个一脉相承的概念体系。不同广延量的守恒律掩盖的是不同的物理。

引子

常见英文词汇中有几个词干为 serve 的词，如 observe，reserve，preserve，conserve，deserve，subserve，等等。不过，serve 来自两个不同的拉丁语词干。在 deserve，subserve 中，serve 的拉丁语词干为 servire（to serve），subserve 有促进、服务于（目标）的意思，deserve（to serve diligently）是应得（奖励，惩罚）的意思。而 observe，reserve，preserve，conserve 的拉丁语词干则是 servare

---

[①] 哲学家，或者别的什么人物，没资格硬要赋予词语以有别于其日常用法的意义（Steven Weinberg, Can science explain everything? Anything?，*The best American Science Writing*, 2002）。

(to keep or hold)。以 observe 为例，observe = ob（to，toward，before，in front of）+ servare，所以 observe 有观察、注意到和遵从（某种习俗）的意思。物理学研究的一个重要任务和手段是 to observe the reality（关注、把握实在），故各种观察手段的研发和各种观测活动的进行构成了实验物理研究的主体。西文的 observe（on，upon）还有做结论、评论的意思，一般从中文学英文者可能不太会注意这一点。

本篇关注 conserve 和 preserve 这两个物理和数学经常会遭遇的关键概念，它们随时会以（动）名词形式或分词形式出现在你正阅读的文献中。Conserve 和 preserve 的意思由词干 servare 决定，在意大利文中它们就是写成 preservare，conservare 形式的。Preserve，to protect，to observe beforehand，即事先顾及，比如作线性变换，事先就要求变换后矢量的夹角不变，这就是 angle-preserving transformation（保角变换）了。Conserve = con（with）+ servare，to keep from being damaged，lost，or wasted；save；to make（fruit）into preserves，即保存、储藏、节省的意思。Preserve 和 conserve 的用法似乎不容易区分，试比较 to conserve national heritage（保护国家遗产），to preserve natural resource（保护自然资源），environmental conservancy（环境保护），food preservation（食物保存、腌制）。当然了，reserve 的意思也非常接近，如 a reserve of food（食物储备），wildlife reserve（野生动物保护区）。

物理学关注 preservation，conservation，这和在变化中寻找不变，其思想是一脉相承的。因此，谈论 preservation，conservation 就总要提及 transformation（变换），mapping（映射），symmetry（对称性），invariance（不变性）等概念。

Preservation

学复变函数时接触到了保角变换，不过一个模糊的名词而已。后来知道那是 angle-preserving transformation，即保持矢量夹角不变的映射。如果线性变换对任一非零矢量的效果仅仅是转过某个角度或者作实数倍 λ 的拉伸，则变换后矢量夹角未被触动。这可能是最简单的保角变换了。共形映射（conformal map），即局部保角变换，保持夹角和无穷小图形的形状不变。一个变换是否是保角变换可由变换的 Jacobian 行列式判断，如果各点上的 Jacobian 行列式都是一个标量乘上转动矩阵，则变换是共形的。共形变换一般是定义在 $\mathbf{C}^n$ 上的。一般教科书论及共形变换时都是关于复平面的：如果一个复变函数是全纯的且导数处处不为零，则是共形的。之所以只关注平面情形，是因为高维情形下共形变换群会受到更严格的限制。

共形映射对物理学极为有用。任何一个由势（函数）定义的函数（如电磁场，引力场等），经由共形映射变换后函数仍是由势（函数）所决定的。一个定义在平面上的调和函数，即满足拉普拉斯方程 $\nabla^2 f = 0$ 的函数，通过一个共形映射变到了另一个平面域内，变换后还是调和的。复变函数教科书里的常见例子是关于在边为等势线的尖角内的电荷所引起之电势场的保角变换解法。共形场论是共形映射下不变的量子场论，象凝聚态系统在临界点就常常是共形映射下不变的，这些复杂的学问值得物理学修习者为其付出努力。

关于变换可 preserve 的特征，花样很多。关于空间的变换，简单的转动和平移会保持矢量长度或者两点间距离不变，这样的变换是 length-preserving transformation。作为狭义相对论核心的洛伦兹变换，不过是关于 $(x, y, z; ict)$ 空间中矢量的转动，它保持距离 $ds^2 = c^2 dt^2 - dx^2 - dy^2 - dz^2$ 不变。既然是转动，转动角度自然要满足关系 $\tan(\theta_1 + \theta_2) = \dfrac{\tan\theta_1 + \tan\theta_2}{1 - \tan\theta_1 \tan\theta_2}$，此也就是相对论中的速度求和公式。广义相对论谈论弯曲时空。保持弯曲时空某特征的变换，有保测地线（geodesic-preserving）的（涉及仿射对称性，affine symmetry），保度规张量（metric-preserving）的（涉及 Killing symmetry），保曲率（curvature-preserving）的，保能量－动量张量（energy-momentum tensor preserving）的，等等。保时空特征的变化涉及时空的对称性；反过来，预设拟保护的特征又可以用来定义对称性。

对于物理的空间来说，有距离是必须的。一个有度规的空间（metric space），是可在其中定义距离的空间。给定空间 X 中一个 metric，即定义距离的函数 d，若经变换 f 后的函数 $f \circ d$ 依然是空间 X 的一个 metric，则变换是 metric-preserving function。Isometry（等距映射）是 distance-preserving 的、单射的映射。两个度规空间 X, Y，其度规分别为 d_X, d_Y，函数 $f: X \to Y$ 如果满足如下条件：对任意属于 X 的两点有 $d_Y(f(a), f(b)) = d_X(a, b)$，则其是等距映射。常见的反射、平移和转动都是欧几里得空间上的全局等距映射。物理时空的 metric-preserving transformation 也意味着其他的对称性，比如针对爱因斯坦场方程的一个解,若一个矢量场是保度规的,则它一定也保持相应的能量-动量张量不变[1]。

字面上同 metric-preserving transformation 很接近的是 measure-preserving transformation(保测度变换)。测度是集合论和遍历理论中的重要概念,对于一个由集合 X 和其上 σ-代数构成的测度空间,有概率测度 $\mu(X)=1$,$\mu(\emptyset)=0$。对 X 所作的变换如果使得测度不变,就是保测度变换。最简单的情形是,若测度为单位圆上归一化的角测度 $\mathrm{d}\theta/(2\pi)$,那么转动就是 measure-preserving transformation。

图 1　William Rowan Hamilton(1805～1865)

于各种保持某种特征的(feature-preserving)变换中,愚以为经典力学中的正则变换最为高明,它保的是方程 $\dot{q}=\partial H/\partial p, \dot{p}=-\partial H/\partial q$ 的形式,因此是 form-preserving transformation。正则方程是经典力学通向统计物理、量子力学和量子统计的桥梁,它提供了如何构筑物理学的典范。正则方程和相应的正则变换的非凡之处,一般教科书中多未充分阐明,而对 William Rowan Hamilton(图 1)个人的推崇也严重不足。就关于物理学、数学的成就与思想境界而言,Hamilton 同牛顿与爱因斯坦相比只高不低。

Conservation

在物理学中,守恒量(conserved quantity)和守恒律(conservation law)是重要的角色。就一个广延量而言,总可以谈论其是否是守恒的(conserved)。关于那些守恒量,如能量,或者在质能关系出现之前的物质,守恒的另一种表述是该量"既不会被产生,也不会被消灭"。守恒律常表现为连续性方程的形式,如(无源空间中)流体的守恒律就是由方程 $\partial\rho/\partial t+\nabla\cdot(\rho u)=0$ 所表述的。局域的守恒律表现为连续性方程,而非守恒方程是更一般的平衡方程(balance equation),涉及广延量的产生(creation)与消灭(destruction)。用守恒律表达定律的优点,一方面是表述容易,另一方面是适用性广。

一些守恒律谈论的是某些物理量有条件的守恒,如不受外力(距)作用的体系,其(角)动量守恒。这两者之间,动量守恒很容易被察觉到,但角动量守恒就不那么容易理解了。Kelper第二定律表述的是有心力作用下的角动量守恒,但人们认识到这一点要晚很多。过分强调某个非守恒量在特殊条件下的守恒,会掩盖其物理本质。一个量是否守恒,是那个物理量本身的性质,而非系统的性质[2]。某种意义上不夸张地说,物理学表述患上了守恒律依赖症。

在普通物理中,有保守力(conscrvative force)的概念:若力所做的功是不依赖于路径,或者力的环路积分为零,则它是保守的。所谓"保守的",指的是一个不变的性质,即换一条积分路径但积分值并不变。对保守力 $\vec{F}$,可以定义一个标量的势 Φ,$\vec{F} = -\nabla\Phi$。显然,势函数的相加比力矢量的相加方便多了。$\oint \vec{F} \cdot d\vec{r} = 0$,$\vec{F} = -\nabla\Phi$,$\nabla \times \vec{F} = 0$,这三种表达是等价的。若使用外微分表达的形式,势函数 Φ 满足 $d \wedge d\Phi = 0$。

环路积分为零在热力学发展中起到过重要的作用。对于可逆循环①,选择合适的温标,即绝对温标,积分 $\oint dQ/T = 0$(这表明热力学第二定律本身也是一种守恒律,或者至少它同守恒律有关)。这即是说 $\int_A^B dQ/T = S(B) - S(A)$,与从状态 A 到状态 B 的路径无关,当然也与路径是否可逆无关。由此引入的热力学势函数,或者状态函数 S 就是熵。有了熵的概念,(热力学语境下的)能量守恒②对于最简单的体积变化做功的情形,就有了微分形式的主方程(cardinal equation),$dU = TdS - pdV$。将主方程推广到多个做功项的情形,并采用外微分表达,则有主方程 $dU = T \wedge dS + Y_A \wedge dX_A$,平衡态热力学涉及的数学就都在这里了。热力学第二定律的 Carathéodory 表述的一个诠释是,不管做功项 $Y_A \wedge dX_A$ 有几项,$T \wedge dS + Y_A \wedge dX_A$ 总可以被表示成全微分。

关于运动的守恒定律,最先可能是自落体运动导出来的,由下落高度同物体获得速度之平方之间的关系,$\Delta(v^2) \propto \Delta h$,可以导出 $\frac{1}{2}mv^2 + mgh = \text{const.}$

---

① 由可逆过程构成的循环是可逆循环。可逆过程经过的都是由系统状态方程所给出的平衡态,但不存在完全由平衡态连接的过程。因此,可逆过程是不存在的过程,或曰"理想"过程,因而是热力学构造过程中重点关照的过程。弄清楚了这个弯弯绕,热力学还是蛮好理解的。
② 热力学语境中的能量同力学语境下的能量,还是有些区别的。

图2 抛体运动的拐点让动能和重力势能的转化看起来很直观

的结论,这可能是最初的机械能守恒定律。这个定律很容易推广到抛体运动,为抛体运动的解带来了很大的方便。无摩擦条件下抛体运动的机械能守恒定律,可表述为动能和重力势能之间相互转化但保持其和不变。这个所谓的转化,由于抛体上升速度为零那个拐点的存在是非常直观的,因此也是容易为人们所认可的(图2)。与此相对,所谓热力学中的能量定律,$dU = TdS - pdV$,虽然我们也会说热转化成功,功转化成热,但显然不是动能和重力势能之间的那种"仿佛无碍"的转换。热-功之间的转换是非可逆的,有个与温度有关的等价量在暗中起作用[3]。这个等价量就是熵,其引入是同热力学第二定律的表述同步的。由此也就理解了,为什么热力学第一定律和第二定律是纠缠的,甚至时间上第一定律的出现也要晚一些。熵的引入是自关于可逆过程的关系 $\oint dQ/T = 0$ 得来的,看似也该是个守恒量。但是关于孤立系统和非静态过程又有熵增加原理,故此有熵是半守恒量的说法[2],即"熵可以被产生,却不可以被消灭"。

机械能守恒定律和热力学的能量守恒定律不是一回事,电荷守恒更显不同。仿照能量守恒的说法"能量既不会被产生,也不会被消灭",则电荷守恒意味着"电荷既不会被产生,也不会被消灭"。可是,在 $e^+ + e^- \rightarrow 2\gamma$ 这样的过程中,虽然电荷量守恒,但是电荷还是被消灭了的——一个有正负电荷对的世界和无电荷的世界还是不一样的。

守恒量与守恒律的研究,引导着物理学不断走向深入。从最小作用量原理出发建立的经典力学,其 Euler-Lagrange 方程 $\dfrac{d}{dt}\dfrac{\partial L}{\partial \dot q} - \dfrac{\partial L}{\partial q} = 0$ 提供了初步的寻找运动常数的方法:若拉格朗日量中不显含某个广义坐标,则相应的共轭动量是运动常数。哈密顿发展了正则变换对广义坐标进行变换,从而可以找出更多的拉格朗日量隐含的哑变量,得到更多守恒的正则动量。寻找守恒量另一个有效的方法是利用 Hamilton-Jacobi 方程 $\partial S/\partial t + H = 0$①。德国女数学家诺德显然吃透了这部分内容(当然她的数学知识也跟得上),她1918年的工作建立起

---

① 薛定谔方程即由此方程构造而来。

了守恒律是同运动的微分对称性之间的深层次关联。考察一个力学体系,其在时空变换 $t \mapsto t' = t + \delta t; q \mapsto q' = q + \delta q$ 下作用量是不变的。假设有 N 个这样的变换,把一般性的扰动写成线性组合 $\delta t = \sum \varepsilon_r T_r; \delta q = \sum \varepsilon_r Q_r$,即无穷小量与生成元构成的线性组合,则有如下一般形式的守恒量 $\left(\frac{\partial L}{\partial \dot{q}} \cdot \dot{q} - L\right)T_r - \frac{\partial L}{\partial \dot{q}} \cdot Q_r$。若对称性是简单的空间(时间)平移对称性,$Q_r = 1(T_r = 1)$ 守恒量就是动量(哈密顿量);若对称性为转动对称性,$r \mapsto r' = r + \delta\theta n \times r$,即 $Q_r = n \times r$,则守恒量为 $\left(\frac{\partial L}{\partial \dot{q}} \cdot \dot{q} - L\right)T_r - \frac{\partial L}{\partial \dot{q}} \cdot Q_r = -p_r \cdot (n \times r) = -n \cdot (r \times p_r)$,即绕 n-轴的角动量。

诺德的工作既为守恒律找到了一个解释,也提供了一个由对称性构造守恒量(或者由要求的守恒量去构造作用量或者拉格朗日量)的工具。相应的守恒量也被称为诺德荷(Noether charge)。这里谈论的对称性是指运动定律是对称的而非运动物体是对称的。由对称性不仅能导出守恒律,还可使很多问题得到简化。有必要指出,对称性不是用来简化问题的,它是物理本身。

Preserve and conserve

我们谈论保某个特征的变换,谈论保守力,谈论守恒量和守恒律,似乎是在言说几个不太关联的不同概念。但是,在英文中的 preserve 和 conserve,或者在意大利文中的 preservare 和 conservare,却明显是同源词,它们甚至可以混用的。而在德语中,preserve 和 conserve 让一个词 erhalten 给包办了。Erhaltung der Kultur(文化保护)对应英文的 culture preservation 或者 culture conservancy,Winkel erhalten bleiben(角保持不变)对应英文的 angle is preserved,而在句子 Die Sätze über Erhaltung bzw. Nichterhaltung extensiver Größen ist ein Spiegel der historischen Entwicklung der Physik[2] 中,Erhaltung 对应英文的 conservation①。保角变换,angle-preserving transformation 德语会说成是 winkeltreue Abbildung,这 Winkel(角度)+ treu(忠实于)的说法很俏皮。

---

① 直译成英文就是 The laws over the conservation or non-conservation of extensive variables is a mirror of the historical development of physics,即"关于广延量之守恒或者不守恒的定律就是物理学发展史的一面镜子"。

保特征的变换，守恒量和守恒律，都和体系的对称性有关，都追求在变换中找寻不变，其思想是一脉相承的。对称性意味着守恒律；对称性本身就是不变性的存在；拉格朗日力学语境中对称性与守恒量的对应只是一个案例而已。Symmetry 和 invariance 似乎是可混用的。Time invariance（时间不变性）对应能量守恒；translation symmetry（平移对称性）对应动量守恒，Lorentz invariance（洛伦兹不变性）对应的特殊守恒律为 CPT（结合了电荷、宇称和时间的反演），gauge invariance（规范不变性）对应电荷守恒。相比于守恒律，不变性似乎更具有普遍意义。诺德 1918 年文章的题目就是 Invariante Variationsprobleme（不变变分问题）[4]。有趣的是，一些没给出名字的守恒量干脆还叫 invariance，比如 invariance under charge conjugation 和 invariance under time reversal——将它们译成电荷共轭不变量和时间反演不变量也许能避免一些误解。

补 缀

1. Energy has no form, it is a quantity we bestow on the system（能量没有形式，它只是我们赋予存在的一个物理量）。质量也应作如是观，这样我们才能有关于质能关系的统一的图像。能量和质量都是我们赋予的物理量，是有载体的。在有质量损失的粒子过程中，质量转化而来的那部分能量或者被光子带走，或者表现为其他有质量粒子的动能。

参考文献

[1] Stephani H, Kramer D, MacCallum M, et al. Exact Solutions of Einstein's Field Equations[M]. Cambridge University Press, 2003.

[2] Hermann F, Job G. Altlasten der Physik[M]. AULIS Verlag, 2002.

[3] Clausius R. Ueber eine Veränderte Form des zweiten Hauptsatzes der mechanischen Wärmetheorie [J]. Annalen der Physik und Chemie, 1854, 93(12): 481-506.

[4] Noether E. Invariante Variationsprobleme [J]. Nachr. d. König. Gesellsch. d. Wiss. zu Göttingen, Math-Phys. Klasse, 1918: 235-257.

之七十五　内—外

> 外不殊俗，而内不失正，与一世同其波流……
> ——嵇康《与山巨源绝交书》
>
> 不识庐山真面目，只缘身在此山中。
> ——苏轼《题西林壁》

摘要　人心起了内外的分别，也就把内外的分别带入到数学与物理中去了。西文数学物理文献中的 in-/(ex-, out-), endo-/(exo-, ecto), (intra-, intro-, inter-)/extra, inner/outer, implicit/explicit, intensive/extensive, internal/external, intraneous/extraneous, interior/exterior, intrinsic/extrinsic 等前缀或词汇，让中文的内外穷于应付。

1. 引子

人关于内外的区分恐怕始于其意识的原始时代。当他认识到自己之可以同环境相区分（如果不是相分离）的存在时，他就起了分别心，分得出内与外。内外之区分，随时随地，亦虚亦实，一切事物皆逃无可逃。躯壳有内外，不时外感风寒内积湿热；家事分内外，外子内人各司其职；国事分内外，内政外交各有偏重；等等。然内外之分多为便宜之举，难免失于草率，或者干脆于理无据，故不可执着。医家专业分内科、外科，病人的痛楚却不敢如此矫情；圣人谆谆教导人们表里如一，自己大抵总是"外有忠诚，内怀奸诈"(见《封神演义》)。至于"宁与外贼，不与家奴"或者"攘外必先安内"之类的口号，是糊涂话，更是混账话。

西方人对内外的思考似乎更抽象些。罗曼·罗兰1942年写过 Voyage Intérieur，讲述关于发现内心之我(moi intérieur)的旅行，评论说他是 writing introspectively（以内省的方式创作）。马赫说"比较是科学之内在生命的最具威力的元素(But comparison is also the most powerful element of the inner life of science)"[1]；黑格尔哲学中外化①的概念(externalization)据说是现代意识形态的驱动力；而在弗洛伊德的心理学中，外化是一种下意识的防卫机制。外化的反面是内化(internalization)。这些抽象的内外概念一脸的冷冰冰。

图1 埃舍尔的作品《静物与街道》

在埃舍尔(M. C. Escher)的一幅作品《静物与街道》(Still Life and Street，1937)中，屋内和屋外的空间之间的界线消弭了(图1)。传统的绘画会用个窗口把内外空间分开来，而埃舍尔在这幅画中却直接用交接物体的双重定义把它们粘到了一起：屋里的书本是屋外的建筑物，屋外的街道直接和屋里的桌子联成一体。埃舍尔的作品总是能反映他非同寻常的哲学洞察力、空间想象力和艺术表现力，令人击节赞叹。

内外的消弭在莫比乌斯(A. F. Möbius)的一个数学概念里是严格地、自然而然地实现的。将一条纸带拧过180°后把两端粘起来就得到一条闭合的带状结构，称为莫比乌斯带(Möbius band)。莫比乌斯带最惊人之处是这里没有了内外——它是单面的。埃舍尔创作了系列的莫比乌斯带(图2)，具有强烈的视觉冲击力。

在常见的西文数学、物理文献中，表示内外的词（前缀）花样倍出，笔者随手检索一下就发现有 in-/(ex-, out-), endo-/(exo-, ecto), (intra-, intro-, inter-)/extra, inner/outer, implicit/explicit, internal/external, intraneous/

---

① 马克思哲学里有异化的概念，alienation。

图 2　埃舍尔的莫比乌斯带系列之蚂蚁（Ants）和马（Horse 2）

extraneous，intrinsic/extrinsic，interior/exterior 等组合。麻烦的是，这些内外的用法还时有重叠或交叉，如内能就有 inner energy, internal energy 和 intrinsic energy 三种说法，extrasolar planets 也写成 exoplanet（太阳系外行星），而 outer differential 和 exterior derivative 那可是不同的东西。

英文的内外，最简单的是 in-/out- 这一对，常见词汇如 inside/outside 可能不会带来困难，但我们对 within/without 的理解就可能失之偏颇。英汉字典教人 without，常取其"没有"的引申意思，却容易忘掉其本义是 with + out，如 without one's reach 即有鞭长莫及之意。另外，象 inter-, intro-, intra- 如出一辙，都是"内"的意思，但也有明显的差别。Inter- 对应 between，intra- 对应 within，而 intro- 对应 inwardly，on the inside，故 intermolecular force 是两个分子之间的力，intramolecular force 是分子内部存在的力；而 introduction 本义是朝里面拉，固有导入的意思，所以谈 make an introduction 要注意其中费力钻营的成分。

对于在数学物理中较成体系的内外概念，本文接下来逐对加以辨剖。

2. Inner vs. outer

Inner/outer 这一对象是 in/out 的比较级。Inner 的意思是 farther within；outer 的意思是 farther without，relatively far out，字典还说它代替 uttere 这个拉丁语词汇，即英语的 utter。Utter 作为动词强调的是 outward（向外），说出（情感）、发出（光亮）和花出（假币）都是它应有之意。在理解 inner/outer 修饰的词汇时，可以将它们按照形容词原级理解，也可以按照比较级来理解，前者如在 system's inner mechanism and outer rules（系统的内在机理与外部规则），管状物的 inner diameter（内径）和 outer diamer（外径）等概念中，后者如在 inner organ（内脏），inner circle（小圈子）等用法上。Inner/

outer 被用来定义乘积，故我们时常会遇到内积/外积的概念，后文会和容易混淆的其他表达一起介绍。

3. Implicit vs. explicit

Implicit 和 explicit 的前缀分别是内外（in-/ex-），词干是 plicare，to unfold。Explicit，即向外部完全展示的，有明确的、直言不讳的等意思，动词形式用 explicate；与此相对，implicit 是隐含的、含蓄的意思，动词形式为 imply。

物理学中也要用到的一个数学概念是 explicit/implicit function。Explicit function，显函数，指非独立变量关于独立变量的表达式被明确写出来的函数，如 $y = x^2 - 1$；而 implicit function，隐函数，则是由非独立变量和独立变量一同构成的一个关系式，如单位圆的表达式 $x^2 + y^2 = 1$。关于隐函数有隐函数定理。不知道那些只能用微分、积分形式表达的函数算不算 implicit function。

Implicit 和 explicit 常以副词形式被用到。在经典力学中，系统的动力学由拉格朗日量决定。拉格朗日量是一组广义坐标、广义速度和时间的函数。如果拉格朗日量不是 dependent explicitly on a variable（不显含某个变量），那就意味着相应地存在一个运动常数。比如，如果拉格朗日量没有 explicit dependence on time（显含时间 t），那么能量是守恒的。哈密顿等人发展的正则变换和 Hamilton-Jacobi 方程，就是为了更好地寻找运动常量，这个思想在 Noether 定理那里发展到了极致[2]。

4. Intensive & extensive

Intensive 和 extensive 字面上分明是向内（向外）扩展（to stretch）的，可是在至关重要的热力学语境中，extensive quantity 和 intensive quantity 分别被译成"广延量"和"强度量"，汉语字面上看不出内外了。广延量满足可加性，即一个体系的某个物理量 χ，若将系统数学地分成两部分（此即 partition，统计力学所谓的配分），该物理量在两子系统中分别为 χ_1, χ_2，则必有 $\chi = \chi_1 + \chi_2$。热力学量如熵 S、体积 V、表面积 A、粒子数 N、电极距 $\vec{P}$、磁感应强度 $\vec{M}$ 等都是 extensive quantities，对应的温度 T、压力 p、表面张力 σ、化学势 μ、电场强

度 $\vec{E}$ 和磁场强度 $\overset{\leftrightarrow}{H}$[①]，都是 intensive quantities。关于强度量的性质，康德在《纯粹理性批判》中有深入的分析：强度量只可从整体上把握，其 0 值只能理解为朝向负值方向的逼近[②]（即 0 不可能达到）。所谓温度的绝对零度不能达到，被某些人当成很高深的问题在讨论，不知道何高深之有。别的强度量也有同样的性质，玩过超高真空的人都知道，压强为零也永远不能达到。当然，液膜的表面张力也别指望会为零。

有了广延量和强度量，由它们组成了 Pfaffian form $dU = TdS - pdV + \sigma dA + \cdots$，可见内能 U 就是关于系统（拥有广延量）和环境（拥有强度量。平衡态时系统的强度量和环境的强度量应该相等）之间接触的描述[③]，则上述方程表述的就是接触几何（contact geometry）。这为看待热力学提供了一个清晰的视角。

5. Internal vs. external

Internal/external 这组对应内外的词来自拉丁语的 internus/externus，除了在内、在外的意思外，严格来说还有朝内、朝外的意思。这组内外之间有很好的对应，如电场分 external field (externally applied field)/internal field，受力分 internal force/external force，康德哲学有 internal-/external freedom 的说法，等等。物理学家只能在宇宙内部观察宇宙，因而是 internal observer（内部观察者）；上帝才可能是宇宙的 external observer（外部观察者），那样的物理学当然不是我们人类所能企及的。一个力，如果造成了体系明显的位移，那么所做的功就是 external work（外功）[④]，而系统内粒子克服相互吸引而分离所做的功被称为内虚功（internal virtual work）。经典力学里有虚功原理：当平

---

① 我使用这样的符号是提醒大家它们和相应的强度量构成能量项时的"乘积"是各不相同的算法。
② 原文为 Nun nenne ich diejenige Größe, die nur als Einheit apprehendiert wird, und in welcher die Vielheit nur durch Annäherung zur Negation = 0 vorgestellt werden kann, die intensive Grösse. 那些不屑于掌握自然科学的纯粹哲学家们和不屑于进行哲学思考的自然科学家们不太容易理解这一句。
③ 这句话细究起来问题不少。
④ 中国功夫强调内功与外功之分。外功指拳脚功夫，注重一招一式；内功是练气，讲究呼吸吐纳。估计内外兼修才能成为大家。

衡的力或应力作独立但自洽的位移或者形变时，external virtual work（外虚功）等于内虚功。刚体运动是内虚功等于零的特例。

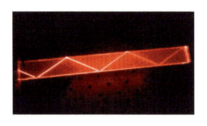

图 3　光在玻璃中的全反射

象在 internal energy（内能的说法之一）一词中那样，internal 肯定是"在内部"的意思。Total internal reflection（全反射），字面上是"全部向内的反射"，而 reflect back internally 这种表达也应该是"朝内反射"的意思。当光从光密介质射向光疏介质且入射角大于某个临界值时，射向光疏介质的成分消失了，这被称为全反射（图 3）。全反射是非常有趣的现象，如果在反射截面附近（几个波长以内）再放置一块光密介质，出射光又出现了，这被称为 frustrated total internal reflection，意思是全反射没能进行得彻底。这有点量子隧穿的味道：光疏介质可看作是个势垒，光子以一定几率隧穿过去，其背后的机理是倏逝波（evanescent wave）耦合。愚以为，这地方存在理解光（传播）本质的某些奥秘，可惜俺没能参透。或有值得参悟处也未可知。

Internal/external 还被用于修饰转动此一物理学重要概念。在如下的这段话中，SO(3) is used to describe and calculate external rotations. SU(2) and SU(3) are used to describe and calculate internal rotations，while SU(2) deals with systems with two states, and SU(3) deals with systems with three states，这里所谓的 external rotation（外部转动）应该指的是轨道角动量，而 internal rotation（内部转动）应该指的是自旋。

热力学中内能这个概念是学物理的人必须认真对待的。关于内能，Clausius 在解释他的内能（innere Energie）函数 U 的时候，Thomson 也发展了类似的函数 $e(V, t)$，其中 V 是体积，t 是温度。Thomson 将之命名为 mechanical energy（机械能）——他将之理解为系统同环境交换了热和功以后储存在体系内部的力学效应（mechanical effect）。Thomson 后来又称之为 intrinsic energy，再后来 Helmholtz 用了 internal energy 此一选择[3]。这个词一直沿用到现在。内能是一种热力学势，满足对势能的数学要求 $d \wedge dU = 0$。系统吸入热量可以做 external work（$-pdV$），也可以做 internal work（增加内能）。

上面提及了热力学势需要满足的条件 d∧dU = 0 是以外导数(exterior derivative)形式表达的。Exterior derivative 的规则为 d(fα) = df∧α + f∧dα，满足反对易关系 dx∧dy = −dy∧dx。与此对应有 inner differential，其规则为 d(ab) = (da)b + adb。除此之外，还有 inner and outer differential calculi(内外微积分?)，它们在引力理论中有应用。

热力学用 exterior derivative 表示会显得简单明了[4]，英文文献中这样的尝试早就开始了①。从主方程 dU = TdS − pdV 出发，取 d∧dU = dT∧dS − dp∧dV = 0。自(T, S)和(p, V)中各任取一个作为变量，剩下的作为函数用那两个变量展开，很容易得到四个所谓的 Maxwell 关系。这个方法的好处是，没必要再去引入 enthalpy (H, 焓), Helmholtz free energy (F, 赫尔姆霍兹自由能), Gibbs free energy (G, 吉布斯自由能)。许多人认为热力学难学，可能与引入的热力学势函数太多有关，殊不知那不过是数学游戏而已，无关热力学的物理本质。

几何上也有内分和外分之说(图 4)，不要和内导数、外微分弄混淆了。给定共线的三点 A, B, C，而 L 为线外的一点。假设 C 交连线 LA, LB 于 M, N，而 BM, AN 交于点 K，连线 LK 交线段 AB 于点 D，则我们说 C, D 分别外分(divide externally)和内分(divide internally) 线段 AB，即 AD/BD = AC/BC。点 D 是 C 的调和共轭(harmonic conjugate)。

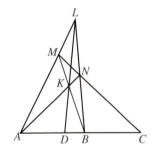

图 4　线段 AB 的内分与外分

6. Intraneous vs. extraneous

按照字典解释，intraneous 的意思是 being or growing within；extraneous 的意思是 coming from outside；foreign，所以使用这一对内外修饰词时应注意其对来源、生长处的强调。因此，象 cultivation of tissues in extraneous media (外部媒质中的组织培养)、removal of an extraneous substance (异物摘除)、intraneous noises (内噪声)、intraneous/extraneous species (内生/外来种群)

---

① 笔者给一年级大学生讲热力学就使用 exterior derivative 表示。

之类的用法就容易理解了，都和生长、产生有关。作为专业词汇，intraneous/extraneous 还被用来描述微分方程的解。根据其是否是通解，方程的奇异解可进一步细分为 intraneous solution 和 extraneous solution。Intraneous 的用法似乎不多见，常见 extraneous 和 intrinsic 一起使用。

7. Interior vs. exterior

Exterior，外边，但是还强调 on the outside（坐落在外部），originating outside；acting or coming from without（源自外部，起于外部）。Interior 可作相应的理解。例如，细胞壁上的离子通道在细胞内外传输离子（pass ions between the cell exterior and interior），这里的内外有相当的纵深。当然，exterior 和别的表示"外"的词也多混用，比如 exteriorized thought，也叫 externalized thought（思想外化），或者叫 alienation of thought（思想的异化），都是指 computational formalism of mathematics（对数学的计算形式表述）——用词的混乱可能是因为数学家气得哆嗦了。当然，涉及数学的内外概念确实花样百出，用词与意义都可能造成误解。内积有 inner product 和 interior product，外积有 outer product 和 exterior product（wedge product，cross product），应该仔细区分。

Inner product

在学习矢量分析时我们认识了内积（inner product），也叫 dot product（因为使用记号为点），或者 scalar product（因为运算结果为标量），是对等长数列的计算。内积对数列进行相应位上数字乘积后求和，几何上可以理解为把矢量当成其坐标表示的数列所进行的操作，它等于矢量模之积乘上矢量间夹角的余弦。与一般代数乘积不同，$a \cdot b = a \cdot c$ 且 $a \neq 0$ 不能得出 $b = c$ 的结论，即不遵从消去律。

内积（inner product）可以推广到连续函数，如果函数定义在定义域 $[a, b]$ 上，内积定义为 $\langle u, v \rangle = \int_a^b u(x) v(x) \mathrm{d}x$；进一步地，可以推广到复变函数，$\langle \Psi, \chi \rangle = \int_a^b \overline{\Psi}(x) \chi(x) \mathrm{d}x$。注意，内积允许引入权重函数（weight function）。在量子力学中，对波函数内积的积分常出现权重函数，那是因为积分本就是对

3D 空间积分的；对于选定的积分变量，那个权重函数和该积分变量的乘积之量纲为体积。

提醒读者注意，电磁学中的磁通量，其表示为貌似内积的积分 $\int_S B \cdot d\sigma$，其实不是。磁场和面积元都不是矢量！

Outer product

矢量的 inner product，要求矢量的维数相同，$\langle u, v \rangle = u^\mathrm{T} v$，其结果是一个标量。与 inner product 相对应的一个外积是 outer product。Outer product 典型地是指两矢量的张量积，$u \otimes v = \begin{bmatrix} u_1 \\ u_2 \\ \vdots \end{bmatrix} \begin{bmatrix} v_1 & v_2 & \cdots \end{bmatrix}$，结果是一个 $m \times n$ 的矩阵，可简写为 $c = a \otimes b$；$c_{ij} = a_i b_j$。张量的 outer product 就是张量积。

Interior product

Interior product，汉语字面上似也应该译成内积，但它不是 inner product，它对应 interior derivative（inner derivative, 内微分）。Interior derivative is a degree-1 antiderivation on the exterior algebra of differential forms on smooth manifold. 这句话太可怕，涉及 exterior algebra（外代数），光滑流形和微分形式。Interior product 定义为一个微分形式同一个矢量场 I_X 之间的收缩，它把一个 p-形式 ω 变成 $(p-1)$-形式 $I_X \omega$。这种内积是在辛几何和广义相对论中常遇到的。也存在这个意义下对应的 exterior product。

Exterior product

与矢量内积（inner product）对应的一个外积是 exterior product，也称 wedge[①] product（因为使用尖劈符号），德语为 äußeres Produkt，在 Grassmann 最初的著作里被称为 kombinatorisches Produkt（组合积）。该外积的形式为

---

① Wedge 的发音就是外积，这倒有助于我们中国人记忆。

$\vec{u} \wedge \vec{v}$。$\vec{u} \wedge \vec{v}$ 就在 $\vec{u}, \vec{v}$ 规定的二维平面内，首尾相连，不用右手定则。外积是反对易的，$\vec{u} \wedge \vec{v} = -\vec{v} \times \vec{u}$。两个矢量的 wedge product 为 bivector（几何意义是带取向的平面），它是 2-blade（从物理的观点来看，如果矢量是长度，它就是面积层面上的东西）。以此类推，$\vec{u} \times \vec{v} \times \vec{w}$ 是这三个矢量围成的平行六面体。乘积是 wedge product 的代数体系是外代数（exterior algebra），用于物理学会揭示很多新的关系。比如，从 bivector 的角度看磁场 B，麦克斯韦方程就在诉说不同的故事。

Cross product

对于物理学家来说，麻烦的是还有一个容易和 wedge product 相混淆的 cross product，$a \times b$，汉译叉乘。按定义，$a \times b$ 的结果是个与矢量 a, b 都垂直、值为该两矢量构成之平行四边形面积的矢量（坑死人的定义），取向可采用右手定则确定（图 5）。外积（wedge product）存在于所有的维度；叉乘就不一定了。给定取向约定和度规，在 n-维空间中可以取 $n-1$ 个矢量之积作为一个同 $n-1$ 个矢量都垂直的矢量。但如果限制在非平凡的两矢量积，且结果为一矢量，这种情形只存在于三维和七维空间中；而如果要求该矢量是唯一定义的，则只存在于三维空间中。三维矢量的叉乘可由四元数的乘积得到，同样，七维矢量的叉乘可由八元数乘积得到。根据 Hurwitz 定理，赋范可除代数只有一、二、四、八维几种情形，则叉乘只出现在三维和七维空间就容易理解了[5]。

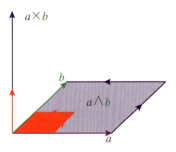

图 5　三维空间中的外积 a∧b 与叉乘 a×b

在三维空间中，叉乘和外积通过 Hodge 对偶连接起来。两个矢量的 wedge product 是个 bivector，其在三维空间中的 Hodge 对偶是一维矢量，即有 $A \times B = *(A \wedge B)$。在四维空间中，两个矢量的 wedge product 是个 bivector，bivector 的 Hodge 对偶还是 bivector。叉乘在四维情形无法定义。我们生活在三维空间；很幸运三维空间确实很特殊！

1843 年 Sir William Rowan Hamilton 为了描述电磁学引入了四元数，以及矢量和标量的概念。给定任意零标量的四元数 $[0, u]$ 和 $[0, v]$，它们按照四元数法则的乘积为$[-u\cdot v, u\times v]$，也即结果的标量部分为矢量的点乘，矢量部分为矢量的叉乘。Heaviside 觉得四元数笨重，其积的标量和矢量部分要提取，于是分别引入了标量积和矢量积，可想而知他遭遇到了激烈的反对。但是因为 Heaviside 成功地把麦克斯韦方程组从 20 个方程减少到了 4 个，这个算法从而蔓延开来，(愚以为)也带来了灾难性的后果。而叉乘的称呼则是由 Gibbs 引入的，此改变借由所谓的矢量分析而得以传播开来。

作为一个 n-维空间中的矢量，就算叉乘垂直于其他 $(n-1)$ 个矢量积不是问题；但如从物理的角度来看，问题就来了。如果矢量的量纲为 L，那么这个叉乘结果的量纲应该是 L^{n-1}，这是完全不同的物理量！另外，$a\times b$ 的定义还有取向的约定，若对坐标系作反演，$a\times b$ 的方向不变，这显然不是矢量的性质。容易理解，若两个矢量的内积不再是矢量了，它们的外积怎么可能还是矢量呢？于是，人们不得不加以区别，把矢量叉乘的结果称为 pseudovector（赝矢量）。

说到赝矢量，一个典型的例子是磁场 B。考察洛伦兹公式 $F=qv\times B$，这里力 F 和速度 v 都是矢量，磁场 B 则无论如何不可以是矢量。误把磁场 B，以及 H，当成矢量的电磁学和电动力学不知掩藏了多少错误[①]，比如较严重的有所谓磁单极的概念。有人对着 4 个方程的麦克斯韦方程组琢磨其所谓"更对称的"形式，为此引入磁单极，却对那个方程组里物理量的数学性质不甚了了。仅从数学的角度看，这个概念就错得低级（别以为 Dirac 在谈论量子力学时提及存在 monopole 就可以照葫芦画瓢，Dirac 可不糊涂）；当然字面上它也错得低级，如果是 pole，它就不可能是 mono- 的。你可以判断，这个让麦克斯韦方程组"更对称"的努力一定来自一个哲学、美学双重虚无主义者。

点乘包含矢量的对应项（corresponding terms）之积，而叉乘包含矢量的非对应项（non-corresponding terms）之积，所以两者相互补充才是完备的。这一点也可从矢量 $[0,u]$ 和 $[0,v]$ 通过四元数之积得到的结果，$[-u\cdot v, u\times v]$，看出。一对物理矢量，其点乘和叉乘在一起才能保全所有的信息。在几何代数中，几何乘积表示 $rp = r\cdot p + r\wedge p$ 就包括内积、外积两部分。

---

① 一个有必要认清的事实是，Thomson 在引入 thermodynamic（热力学的）一词时用的是 thermo-dynamic 的形式，这表明热力学中的热和功是平行的概念。有鉴于此，愚以为 electromagnetic 应该理解为 electro→magnetic，至少就麦克斯韦方程组而言，磁相对于电是下一层面的事情。

对于一个运动的质点，关键的矢量是其位置和动量，这两者构成了所谓的相空间，这是经典力学和统计物理的概念基础。我们知道这两者的叉乘，$r \times p$，称为角动量，是物理量的重中之重。注意，角动量如果是由叉乘定义，而叉乘又只在三维空间里有定义，那限制就太大了。可以把角动量改写成 $L_{ij} = x_i p_j - p_i x_j$，规定了这样的算法，就不受维度限制了。角动量显然是 pseudovector，角动量的表示简直是量子力学的半边天。那么点乘呢？$r \cdot p$ 被称为 virial，不知如何翻译。(中文)经典力学不强调 $r \cdot p$，显然不完整，当然也就这么不完整着。据说暗物质概念的导出就同计算 $r \cdot p$ 有关。

8. Intrinsic vs. extrinsic

Intrinsic（intra，within + secus，following），源于内部的、内在的，不依赖于外部环境，汉译"固有的、内禀的"，数学上会翻译成"内蕴的"。与此相对，extrinsic（exter，without + secus，following），意思是 being, coming, or acting from the outside, extraneous，汉译"非固有的、外在的"。Intrinsic 和 extrinsic 的词干是 secus (following)，这一点在使用时应该特别关注。

人们研究自然对象时，总是会带入研究者的因素，包括研究者所在的空间，所采用的参照框架和坐标系等，这些都是外来的（extrinsic）因素，而我们追求的是事物自身的性质（properties of intrinsic nature）。例如，曲线、曲面那些依赖于其嵌入坐标空间的性质是 extrinsic 的，而弧长是曲线的内蕴性质。愚以为认识到不管空间如何弯曲但路径(弧长)的概念总是有效的，太了不起了。外在曲率（extrinsic curvature）是关于一个嵌入到另一个空间（一般是欧几里得空间）中的几何体定义的，与同该几何体接触（touch, tangent）的圆的曲率半径相关。而内蕴曲率（intrinsic curvature）则是定义在黎曼流形的每一个点上的。高斯曲率，即曲面两主曲率之积，是曲面的内蕴性质。高斯 1827 年证明高斯曲率可由曲面基本型的度规系数给出，因而是一个内禀性质。更复杂的内蕴微分几何（intrinsic differential geometry）可是大多数学物理的人要补的课。

在物理学中有 intrinsic nature, intrinsic property, intrinsic feature 的说法，比如 spin is intrinsic degree of freedom（自旋是内禀自由度），粒子的电荷、质量都被称为 intrinsic parameter（内禀参数）的，等等。解释清楚这些内禀的性质不容易，不过如果知道狄拉克方程可导出电子有 1/2 的自旋，基本粒子的质量是对称群的标签,电荷联系着规范对称性,也许多少能找到一点感觉。半导体也分 intrinsic/extrinsic,这个比较好理解。Intrinsic semiconductor(本征半导体[①],i-semiconductor),指未掺杂的半导体,其载流子来自热激发或光激发;extrinsic semiconductor(非本征半导体),乃是 doped 半导体,有杂质原子占据了晶格。依赖于杂质的选择,extrinsic 半导体分为 n- 和 p-型半导体。愚以为,将 intrinsic/extrinsic semiconductor 译成内因性半导体和外因性半导体也许更合适些。

物理学有一些 intrinsic difficulties(内蕴困难)。一个不得不面对的内在困境是时间问题。在相对论中,至少是在太过随意的 Minkowski 空间中,时间和空间是地位相同的(或者,严肃一点,时空是写成 $(x,y,z;ict)$ 形式的),而在量子力学中,空间是观测量,是算符,而时间只是参数(在量子场论中,(x,y,z,t) 都是参数)。这个关于时空关系的率意而为显然暴露了关于物理学我们还远没有统一的认识,或者还没学会对物理学有统一的要求。此外,intrinsic difficulties 还包括会遭遇 0 和无穷大。摒除了 0 和无穷大,一切都好处理——无穷大相比于 0 可能还好处理一些。宇宙真的是无穷大吗?当我们随手写出,比如两电荷间的距离为 0 时,我们问过 0 真的存在吗?或者,如同热力学中的可逆过程,零相对于有,或者 void 相对于 atom,也只是一个虚拟的、抽象的概念?这些 intrinsic difficulties 在相当长的时间里还会继续阻碍物理学的发展。

9. Endo- vs. exo-, ecto-

最后介绍一对和物理学有关的"内-外"前缀 endo-/exo-,ecto-。Endo-,来自希腊语 ἔνδον(endon),内部、在(从)内部的意思。物理、数学上常见的词汇包括 endomorph(内胚型体,内部成型,内容矿物),endomorphism of algebra[②](代数的自同态),endothermic reaction(吸热反应),endothermic process(吸热过程),等等。这些翻译字面上没有"内"字,不如内窥镜(endoscope)翻译得

---

① 此本征非量子力学里的本征,那里的本征是对德语词 eigen(自己的)的翻译。
② 不会和 automorphism 的译法混同? In mathematics, an endomorphism is a morphism (or homomorphism) from a mathematical object to itself. For example, an endomorphism of a vector space V is a linear map $f: V \to V$, and an endomorphism of a group G is a group homomorphism $f: G \to G$. 太高深,不翻译了。

那么直白，自然从汉语的角度理解也没有那么直观。

与 endo- 对应的"外"形式为 exo-，来自希腊语 ἔξω，相关物理概念包括 exothermic process（放热过程），exoergic nuclear reaction（放能的核反应）①，以及 exogeneous ionization（外源离化），例句见 As with a negative corona, a positive corona is initiated by an exogenous ionisation event in a region of high potential gradient（如同负电晕那样，正电晕也是由高电势梯度区域内的外源性离化事件引起的）。与 endo- 对应的还有 ecto-，如 ectomorph（外胚型体型，瘦弱体型），endoplasm-ectoplasm（内质膜－外质膜），endoparasite-ectoparasite（体内寄生－体外寄生），endoderm-ectoderm（内胚层-外胚层），等等。

Endo-/exo- 之所以引起笔者的注意是因为 endophysics 和 exophysics 的说法。当我们着手研究这个世界时，我们总不得不把它分割成两部分，subject and object，汉译主观与客观（字面意思是下层的与上层的）。笛卡尔的分割是把整个实在分成意识与客体（mind-body；spirit-matter），后来海森堡又进一步把物质世界分成物质的对象（material object）与物质的观测工具，要求观测工具和被观测对象之间不存在 EPR 式的关联，即量子力学可以将世界表示为 tensor-product factorization（张量积形式的因子化）。这在一些学者那里形成了 endophysics & exophysics 两个概念[6-10]，涉及关于世界的 internal vs. external 的观点。

Endophysics，字面上的意思是 physics from within，研究物理观察如何受制于观察者也在宇宙内的事实。与此相对的是 exophysics，那里观察者可以自"外部"观察一个体系（关于宇宙时空结构的研究很难设想研究者能如上帝那样是在研究体系之外）。这样的关于物理的视角，就笔者所知，未见中文语境中的讨论，所以我斗胆将之译为内观物理和外观物理，同主观－客观的区分相映照。物理学的 endo-/exo- 两分法，即把世界分成研究执行部分和被研究部分，以我

---

① 有人将 exoergic 翻译成放热的，但是核反应释放能量倒是以动能为主；把动能可控地转化成热形式是核电厂运行的关键。

的愚见，这不妨归于有我的部分与无我的部分。

在理论上再造一个世界的努力有两种观点：一种朝向外部世界，一种朝向内心世界。前一种观点相联系的物理我们称为 exophysics，后一种观点相联系的物理中研究者会意识到 self-referential（自我参照）情境，即物理理论中有观测者的角色。Endophysics, to emphasize a view-point from within。在 exophysics 中，实在就是简单的存在，而在 endophysics 中，实在处于观察者和外部世界的界面上[8,9]，任何观察的状态都要相对于在界面上的观察者状态来确定。这样，实在是一种主观性的客观。内观物理的精髓在于如何预先规定不可区分性的情境，它关切量子力学的诠释、时间的本性以及意识等问题[10]。然而，容易想到，所谓观察者和客体之间的界面是不定的，因此观察结果就有了绝对的相对性。Endophysics 的观点似乎在物理学界还没引起很大的动静，毕竟一个 internal 观察者能否跳出界外去获得与 external 观察者所达到的同样的客观性，这可是个问题。An external observer is a superobserver（外在于体系的观察者是超观察者），如同拉普拉斯的妖或者麦克斯韦的妖。

10. 未尽之言

人之所以能够认识世界，就在于存在把人或研究对象同其环境分隔开的可能，因此产生内外的分别是非常自然的。对于特定的对象，习惯于既看内又看外是研究者的基本素养。举个例子，对于量子力学的变换 $\psi = \hat{A}\varphi$，算符 $\hat{A}$ 有本征值，本征矢量，这取决于算符本身，算是它的 intrinsic properties。但是，我们还要从外部关照这意味着什么。一个物理系统给定的对称性（内在的）会导致其状态分成具有不同对称行为的本征函数项，表现为选择定则（外在的）。由光谱线的模式及其随外场的变化去猜出系统的 internal 对称性，甚至是自旋这样的 intrinsic degree of freedom，确实是高明的司外揣内本领。

然而系统的内外之分并不会必然造成内外的隔绝。一个系统的内在性质大约总是有外在表现的，要不那么会伪装的圣人内怀奸诈怎么让人给看出来了呢。内涵都在表面上[11]，这话可不是随便说的。傅里叶就觉得热平衡时一个物体内部的温度分布是可由表面上的温度分布完全决定的——这个司外揣内的努力导致了傅里叶分析的诞生。另外一个内外互相印证的典型例子是晶体学，晶体内部原子排列的对称性和晶体外观之间是 totally consistent and coherent。

在有些地方，内外无可分，比如 Möbius 带这样的结构。而在有些地方，既起了分别心，却又分得含含糊糊前后不一，这就麻烦了。热力学语境中的内外就让笔者十分头疼。热力学系统的 S, T, p, V 等那是系统内部的事情，而做功和热流则与外部环境有关。说 $\delta Q/T$ 是状态函数，那是内外不分，$dS = \delta Q/T$ 中的 S 才是系统的状态函数——这个方程一头在外，一头在内。此外，系统的压力是内部变量，所以热力学主方程中的体积变化做功项始终有个负号，$-pdV$，可是对于电介质和磁性材料，相应的做功项中的强度量又都是外场的强度。使用外场的合理性按说电磁学该给个 explicit 解释的，偏偏藏着掖着让人们自己琢磨。

图6　夏日池塘的常见景象
（图片来自互联网）

偶然看到一幅照片，自水面反射成像的白云、荷叶与荷花，自水中透射成像的鱼儿，水面上的浮萍，浑然一体（图6）。这样表述是典型的 describe in external mold（以外部模式描述），其中"内－外－界面"的定义是清楚的。作这样的描述的基础是，我们是外在的观察者——上帝的形象产生的心理基础可能就是我们此时的感觉。然而，若我们也是这画中的一个元素，我们能构造出什么样的 endophysical 描述呢？局外人拥有的各种选择对于局中人却是没得选择，这大概是 endophysics 的一个 intrinsic difficulty 吧。Escher 在努力把画廊中的画和画中的画廊结合为一体以达到消除内外分别的时候（图7），他肯定是遭遇到了 intrinsic difficulty 的，因此他巧妙地利用了右侧的边界以及不太巧妙地在中间加入了模糊一片。有人说，那里是奇点所在。数学的奇点？物理的奇点？

图 7　Escher 的作品（*Print Gallery*，1956）。
注意中间有一片模糊区域

补 缀

1. 对于任意的两个用复数表示的矢量，$z = x + iy$ 和 $w = u + iv$，有 $zw^* = xu + yv + i(uy + vx)$。其中前一项为内积，是对称的，意思是说它和 $z^* w = xu + yv + i(-uy - vx)$ 的第一项是一样的；后一项是外积，是反对称的。

2. 高斯、黎曼们能轻松地发展出弯曲空间的几何，估计是因为经常沿着山坡散步的原因。在我看到 Clifford 关于弯曲空间与物质之间关系的论述，比如 "Physical matter might be conceived as a curved ripple on a generally flat plane"，我更加坚信广义相对论是欧洲丘陵地貌的自然启发。那些欧洲学者们在丘陵形貌上的树林里的轻松散步，不负苍天厚爱。

3. Clifford 在一场讲座中言到："There is no scientific discoverer, no poet, no painter, no musician, who will not tell you that he found ready made his discovery or poem or picture — that it came to him from outside, and that he did not consciously create it from within." 起于外而成于内，此恐是一切伟大成就得以被成就的过程。

4. 一个二维的、内外不分的单边结构是所谓的克莱因瓶（Klein bottle）。克莱因能想出这样的瓶子构造那是因为在欧洲的实验室里很早就有类似模样的玻璃瓶子，见 Jan van der Straet 的《炼金作坊》(*The Alchemist's Studio*，1571)。这坚定了笔者的愚见，即物理学是一条思想的河流。其实，科学就是一条思想的河流。跨越式发展之类的忽悠反映的是一种无知者鸡贼的投机心态。

5. 张量的偏导数未必是张量，但是求导又是物理学中很重要的工具。于是，针对张量一些新的求导操作被引入，这包括 the exterior derivative（外导数），the covariant derivative（协变导数），and the Lie derivative（李导数）。沿曲线的协变导数有时候又称为绝对导数或内禀导数（intrinsic derivative）。协变导数表征一个矢量场沿某方向上的变换，其在那个方向上是线性的，而李导数表征一个矢量场随着另一矢量场之流的变换。

6. 内蕴曲率（intrinsic curvature）与外在曲率相比更能深刻地描述几何性质。以圆 S^1 为例，我们习惯上认为那是一个弯曲的空间，其外在曲率不为零。但是圆 S^1 的内蕴曲率为零，表明它是一个平直空间。在圆上生活的生物感觉不到任何弯曲。

7. 有内变分和外变分的说法。对于变分 $\delta \int_\Omega L(x, \varphi, \varphi_x) \mathrm{d}x^0 \wedge \mathrm{d}x^1 \wedge \cdots \wedge \mathrm{d}x^n = 0$，积分区域的变分 δx 称为外变分（external variation），场的变分 $\delta \varphi$ 称为内变分（internal variation）。

8. 庄子《大宗师》有句云："彼游方之外者也，而（孔）丘游方之内者也。"估计后世所谓的方外之人的说法是打这儿来的。

9. Jordan curve theorem：每一条平面内的闭合曲线，都有一个内部和外部。另外，有个关于拓扑学家的笑话：如何逮老虎呢？拓扑学家说，编个笼子，作拓扑变换，把笼子的外部变成内部，就把老虎装进去了。

参考文献

[1] Mach E. Principles of the Theory of Heat[M]. D. Reidel Publishing Company,1986:363.

[2] 曹则贤.物理学咬文嚼字 074：保守与守恒[J].物理,2015,44(7):478-481.

[3] Cropper W H. Great Physicists：The Life and Times of Leading Physicists from Galileo to Hawking[M]. Oxford University Press,2001.

[4] Edelen D G B. Applied Exterior Calculus[M]. Wiley,1985.

[5] Massey W S. Cross Products of Vectors in Higher Dimensional Euclidean Spaces[J]. The American Mathematical Monthly,1983,90(10):697-701.

[6] Rössler O E. Endophysik：Die Welt des inneren Beobachters[M]. Merwe Verlag,1992.

[7] Svozil K. Extrinsic-Intrinsic Concept and Complementarity，in：Atmanspacker H, Dalenoort G J. Inside versus Outside[M]. Springer,1994:273-288.

[8] Tsuda I, Ikegami T. Endophysics：The World as an Interface[J]. Discrete Dynamics in Nature and Society,2002,7:213-214.

[9] Rolands P. Zero to Infinity[M]. World Scientific,2007.

[10] 曹则贤.内涵都在表面上[J].现代物理知识,2012,24(1):36-38.

物理文献汉译常见问题分析

之外两篇

  现代科学是在西方语境中发展起来而后传入我国的,科学文献的西文汉译是一个我们必须认真面对的问题。虽然近年来我国在科技发展中的参与感稍着痕迹,但就语言层面而言,并没有什么可见的改观,新概念新思想的表述依然唯西方语言(尤其是英语)的马首是瞻。西文汉译对现代科学在中国的传播和发展来说是一个隐形的"病灶性"因素,不恰当的汉译会带来诸多负面影响,不可不察。

  在将现代科学引入中国使其同中国文化相融合的过程中,许多前贤(可回溯到明朝)作出了不可磨灭的功绩,此处不作评论。然现代科学依然在加速发展,及时地将最前沿的科学研究内容的表述忠实地中文化并使之成为中文文化的有机构成,也是科研工作者应该关注的问题。这其中最基本的问题,首先是概念的翻译问题。如何将西文科学概念翻译成中文,且要求其能满足精确反映原意、体现原来语境下的意味、不添加限制、不添加额外的内容甚或引入误解、不同学科中的翻译要自洽、不为未来拓展设置障碍、方便中文学习者回溯原文等条件,绝不是一件容易的事情。上述的这些要求不全面,对具体的问题当然也不可一概而论。对常见的科技翻译问题,以物理文献翻译为例,大约可以参照上述标准进行检讨。

物理文献汉译常见问题之一是未精确理解原意就仓促给以一个容易误解的汉译,这方面的典型例子有 convection 这个词,汉译"对流"。虽然冷热空气(水)的对流确实是 convection 的一个表现,但 convection 本义是裹挟、携带的意思,convection 作为物理概念强调的是物质的混合带来了能量分布的改变。富翁们移居他国把财富给带走了,水流把树叶带走了(图 1),这都是标准的 convection 过程,但可没有汉语的"对流"的图像发生。类似地,vector 无论是矢量还是向量的翻译,都会让中文的学习者把关注点放到了它的箭头形象上,而不会认识到"与所处位置无关"才是 vector 的重要性质。如果我们意识到 vector 有携带者的意思,比如带病菌的人畜、携带雷达的车辆等,以及其用作动词有引导、导航的意思,或许对 vector field 的物理能理解得正确点。

图 1　树叶随水流漂到远方,这是 convection,但没有对流

物理文献汉译常见问题之二是基于对内容的片面理解造新词且塞进一些莫须有的内容。这方面典型的一个词为 plasma。在大陆的物理文献中,它被译成"等离子体",强调它是离子-电子的混合体,且是电中性的(正负电荷相等)。但是,这个翻译塞进了太多的额外内容,给用中文初学 plasma physics 的人带来了太多的误解。以"等离子体"这个词来源的气体放电 plasma 来说,虽然其是电中性的,正电荷和负电荷数相等,但认为是等"离子"体就莫名其妙。气体放电作为一个物理对象包含大量的电子、离子(有正离子和负离子)、激发态原子(分子)、中性原子(分子)和光子,主导该物理对象性质的因素,很难说离子是突出的。此外,plasma 可以远非是电中性的,则"等"的说法也无从谈起。Plasma 在台湾被译成"电浆",这和医学中把 plasma 译成"血浆"一样,都有正确的一面,也都是错误的。说它正确,是因为 plasma 来自希腊语 Πλάσμα,其动词形式的拉丁化写法为 plassein,是 to form 的意思(图 2),指其与气体、水这样

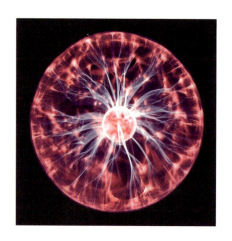

图2 作为物理对象的 plasma，未必涉及电，有电荷也未必等量；未必有离子，有也未必是主角。plasma 指称一大类物理体系，但不是"等离子体"

的流体相比有成型的能力，血浆、豆浆应该算是典型的 plasma。但是，把 plasma 译成"血浆、电浆"都添加了额外的内容。医学上的 plasma 不必然和血液有关，而物理上的 plasma 也不一定和电有关，像中子-质子 plasma，夸克-胶子 plasma，是强相互作用的体系，就与电无关。关于 plasma 如何译，老实说，正确的译法还没出现。

因为随意添加内容而引起麻烦的另一个重要物理概念是 adiabatic，其本义是"不让通过（a + dia + bainein）"。在热力学中它被翻译成"绝热的"，这个"热"字就是额外加上的。对于 the thermally insulating walls are called adiabatic walls（有热隔绝效果的壁称为绝热的壁）这样的句子，这样的翻译似乎无碍。但是，遇到 thermally assisted adiabatic quantum computation 这样的句子，翻译成"热辅助的绝热量子计算"，这不是拿人寻开心吗？这句里的 adiabatic 见于量子力学中的 adiabatic theorem，其汉译"绝热近似"，以笔者的观点，真的是太不负责任了[1]。这个定理是说：如果一个本征态，其能量本征值和能量谱的其他部分有个间距（gap，有时译成能隙），则如果扰动足够慢的话，该系统将待在该本征态[2]。这也就是说"没能穿越到别的本征态"上去，这才是 adiabatic 的本义。它跟热现象就没有关系。不知将 adiabatic theorem 译成"不穿越定理"是否合适。

常见问题之三是罔顾事实、另起炉灶。象炭这种东西，因为早为人类所认识和利用，因此在各语言中它一般都是个家常词，如 carbon，Kohlenstoff 等。可是，偏偏在元素被引入中国的时候，人们硬为元素 carbon 引入一个"碳"字，

---

[1] 这样的局面，可能是翻译时未吃透原文内容造成的。
[2] 该定理的 Born 和 Fock 的表述（1928）为：A physical system remains in its instantaneous eigenstate if a given perturbation is acting on it slowly enough and if there is a gap between the eigenvalue and the rest of the Hamiltonian's spectrum.

并人为设置"碳"和"炭"的不同用法①,引起了很大的混乱。在《咬文嚼字》杂志所列的2007年十大语文错误中,"碳"字列第八,原"罪状"照录如下:

"八、商品名称中的常见用字错误是:碳烧(烤)。如:'碳烧咖啡''碳烤月饼''碳烤牛排',等等。'碳烧(烤)'均应是'炭烧(烤)'。'炭'指木炭……而'碳'是一种化学元素,无法直接用作燃料。"

真不知这些"语文专家"是怎么琢磨出这个理由的,碳元素怎么就"无法直接用作燃料"了?要是"'硫'是一种化学元素,无法直接用作燃料"就好了,今天的中国就不会被淹没在雾霾中了。以为"碳"字有很科学的意味,但专业研究"碳"化学的还不是煤"炭"研究所嘛。假如遇到这样的语文高考题:"请在'煤__研究所的__化学专家到烧烤摊吃__烧烤,竟因那里的木__燃烧不充分吸入过量的一氧化__中毒了'一句中的空格处填入正确的 tàn 字",叫人情何以堪。笔者斗胆建议,把这个莫名其妙的"碳"字取消了吧。炭化学与 carbon chemistry 相比,一点也不更土②。

常见问题之四是未能兼顾其他学科,造成一词多译。这方面的例子有 field theory,在物理中它是场论,在数学中它是域论。固然 field theory 在数学和物理中确实是指不同的内容,但就没有相通的地方?那些相通的地方,恰恰是纸面上不容易学到的。但是,汉语用域论和场论这两个不同的词,多少会阻断这之间的联想吧。在数学内容偏多的物理分支中,field 会遭遇相距不远就要一词两译的尴尬局面,在量子力学书中你很容易在同一段中遇到 scalar field(标量场)和 wave function defined over the field of complex number(波函数定义在复数域上)。

常见问题之五是不知词之原意,不能照顾相关概念之间的关联。这方面的典型例子为对 eigen, self 和 proper 的翻译,见于 eigenvalue(本征值),

---

① 你可以想象,这根本就做不到。一些区分"碳""炭"用法的专家意见,让人哭笑不得。
② 喜欢更洋味可能是中国的文化痼疾。许多文人也要用看起来科学的词以提升品味。一个例子是对 007 电影 quantum of solace(安全度)的翻译。Quantum 是个家常词,见于这里的 quantum of solace 以及天气预报中的 quantum of the rain fall(降雨量)。可能觉得 quantum 在 quantum mechanics(量子力学)中的翻译比较学问吧,遂把这个电影名译为"量子危机"。哪儿跟哪儿这是。

eigenstate（本征态），self-adjoint operator（自伴随算符）①，proper time（固有时，原时），proper length（固有长度）等，这些可都是量子力学和相对论的关键词。其实，eigen 为德语词，proper 为拉丁词，都是 self（本身就是来自德语）的意思。这个"本身、自己的"的意思可以从 eigenvalue 和 proper time 的数学定义中直观地看出，试对着 $\hat{a}|\psi\rangle = \alpha|\psi\rangle$ 和 $(icd\tau)^2 = (icdt)^2 + ds^2$ ②多盯上几秒钟。

科学词汇汉译的问题还包括用英文对付一切西文、不顾原词文化背景乱翻译，等等。对于这些问题，正确的态度是加以研究并及时改正。一些久已惯用的译法可能再也无法更改，如我们已习惯于将 micro、macro 理解为微观、宏观，有着更强烈的感情色彩，不妨在一些适当的场合提及它们不过就是普通的"小的""大的"意思以免更甚的误解③。但是，对于新出现的词汇，有理由认真仔细地加以讨论以求给出一个科学的译法，从而减少误解的生成与流传。这一切都端赖中国科学界中的有心人的共同努力。

---

① 量子力学要求其物理算符是 self-adjoint 的，这样算符的 eigenvalue 才能保证是实的，对应物理的测量。
② 一般相对论教科书中，喜欢把这个公式写成 $c^2d\tau^2 = c^2dt^2 - ds^2$ 的形式，这丢掉了一些东西，且负号的使用会让人错误理解这里涉及的数学和物理。对于量子力学和相对论这样的理论，笔者愚见，习惯复分析和复几何的表示形式可能会理解到更多的东西。
③ 有个名为 microworld 的纪录片，汉译"微观世界"。片中的主角为青蛙、鱼、蜗牛、蜘蛛等，讲的是比人略小的尺度上的故事，按照汉语的微观来理解是有偏差的。

关于 graphene 及相关物质译法的一点浅见

Carbon 是一种非常奇特的元素,其元素形态和参与构成的物质很多,且结构以及相应的命名可能有非常接近以至于相互混淆的问题。因此,在对各种 carbon 元素的同素异形体和化合物之名称进行汉译时,应该格外谨慎。

Carbon 的一种天然晶体形态为 graphite,中文名为石墨。因为讨论的对象是一种古来有之的物质,所以中西文字上也非常契合。石墨,汉字顾名思义是一种可用来写画(墨)的矿石(石),graphite = graph + ite 也是同样的构成。等到人们合成了以 C_{60} 为代表的 carbon 笼状结构,这一类 carbon 结构以美国建筑师 Fuller Buckminster 的名字为基础被命名为 fullerene(bucky ball 专指 C_{60}? I_h 群是最接近球对称的 SO(3) 群的。那么,巴基斯坦产老式足球用平面单元缝制方式就是最科学的了)。Fullerene = Fuller + ene,汉译富勒烯。汉译者取"烯"这个词可能是受了 ethylene 被译成"乙烯"的影响(纯属猜测)。这个译法有值得商榷处,其影响也应该得到关注。

Ethylene(C_2H_4)被译成"乙烯",应该是按照南方话读中文而来的音译。烯为现造的词,火旁应该是为了强调其易燃的特性。本来,乙烯不过是一个音译的词,但是把烷烯炔放在一起考量的时候,烯自然就有了代表一类特定结构的含义,比如烯包含有氢原子,其中的 carbon 原子通过双键联系,等等。这样的翻译本没有什么不妥,但是,原文的构造法却被忽视了,后来还被误解了。Ethylene 译为"乙烯",propylene 译为"丙烯",butylene 译为"丁烯",但是如果认为 ene 对应烯,ethyl, propyl, butyl 和 2, 3, 4 有关,可以分别译成乙、丙、丁,那就错了。Ethyl 和以太(夏天)有关, propyl 和前门有关,butyl 和黄油有关,而 ene 它只是希腊语中的名词结尾(ενος)而已,用于将形容词转换成名词。

这样看来,把 Fullerene 译成"富勒烯"的一个不好的地方是会让人以为它包含氢原子,是和乙烯、丙烯属于一类物质。其实,不妨把 fullerene 译为"富勒分子"或者"富勒炭分子"。

把 ene 当成烯的译法在 graphene 一词的翻译中得到发扬。Graphene 被译成石墨烯,但是 graphene 和石、墨,甚至和我们理解的烯,都无关。它只是六角结构的一个炭单层结构而已。把 graphene 译成"炭单层"或者"单炭层",大约和其形象相吻合。当然,考虑到有 double layer graphene 的说法,以及存在单层炭原子的 graphyne 的可能性,炭单层或者单炭层的译法也会陷入被动,笔者建议译成"六角炭层"或许更好一些。要不,干脆译成"石墨层"也未尝不可。

翻译 graphene 还要同时考虑 graphyne 和 graphane 的译法。Graphyne 也是单炭层,但是存在 C═C 双键,不全是 sp^2 键张成的六角结构;而 graphane 是单层碳,但每个炭原子还连着一个氢原子,有人把 graphane 译成"石墨烷"。石墨烷的译法没有什么过多的可指责处,但须记得 ane 作为词尾,按照字典的解释是 arbitrary formation,只是表明这是个名词而已,不必然有我们赋予甲烷、乙烷中"烷"字的任何意义。

当作家两年有感

跋

专栏围出小菜园，
锄耕笔耕两欣然。
刨根问底欲寻趣，
咬文嚼字只为闲。
一字珠玑归物理，
但露机锋莫谈禅。
甘苦得失何足论，
且将劳作换酒钱。

  2009年某日，某感慨自己开始写作两年，胡诌了七律一首。因为内容粗俗，格律不齐，遂弃之不理。不想这咬文嚼字的营生，转脸就已经干了八年有余，其间星转斗移，物是人非，良足叹焉！今将这首小诗翻出，置于此书之后，聊以为跋。